黄土高原土壤侵蚀与旱地农业国家重点实验室资助出版

Soil Micromorphology and its Application

土壤微形态学及其应用

唐克丽　贺秀斌／著

科学出版社

北　京

内 容 简 介

土壤结构是土壤生态系统功能的基础,土壤微形态学提出从微观尺度研究原状土壤组成与结构,为土壤结构-成因-功能互馈机制的研究提供了新的理念与方法。本书介绍了土壤微形态学概念、方法、发展历程,并结合作者研究实践总结了土壤微形态学在考古、土壤发生、土地质量维持、土壤侵蚀防治和生态系统保育等领域的应用成果。本书共6章,内容包括土壤微形态学概念、土壤微形态学方法、土壤发生成因的土壤微形态诊断、土地利用的土壤微形态响应、土壤侵蚀与土壤微形态和土壤微形态学展望。

本书可供地学、农业和环境科学等专业的院校师生、学者参阅。

图书在版编目(CIP)数据

土壤微形态学及其应用 / 唐克丽,贺秀斌著. — 北京 : 科学出版社,2022.7

ISBN 978-7-03-072484-7

Ⅰ.①土… Ⅱ.①唐… ②贺… Ⅲ.①土壤微形态学—研究 Ⅳ.①S152.2

中国版本图书馆CIP数据核字(2022)第100053号

责任编辑:李小锐 / 责任校对:彭 映
责任印制:罗 科 / 封面设计:墨创文化

科学出版社 出版
北京东黄城根北街16号
邮政编码:100717
http://www.sciencep.com

四川煤田地质制图印刷厂 印刷
科学出版社发行 各地新华书店经销

*

2022年7月第 一 版 开本:787×1092 1/16
2022年7月第一次印刷 印张:14 3/4
字数:349 000
定价:168.00元
(如有印装质量问题,我社负责调换)

作者简介

唐克丽，国际欧亚科学院院士，著名土壤学家。1932年8月出生于上海市，1962年获苏联科学院土壤侵蚀学副博士。现为西北农林科技大学、中国科学院水利部水土保持研究所研究员，黄土高原土壤侵蚀与旱地农业国家重点实验室名誉主任，曾任国家重点实验室主任。出版《中国水土保持》《黄土高原地区土壤侵蚀区域特征及其治理途径》《黄河流域的侵蚀与径流泥沙变化》等专著，在《科学通报》、《土壤学报》、《第四纪地质》、《水土保持学报》、*CATENA* 等国内外著名期刊发表论文200余篇。获何梁何利科技进步奖、世界水土保持协会杰出研究者奖、国家重点实验室建设先进个人金牛奖、全国优秀科技工作者、中国科学院科技进步奖一等奖等多项荣誉奖励。

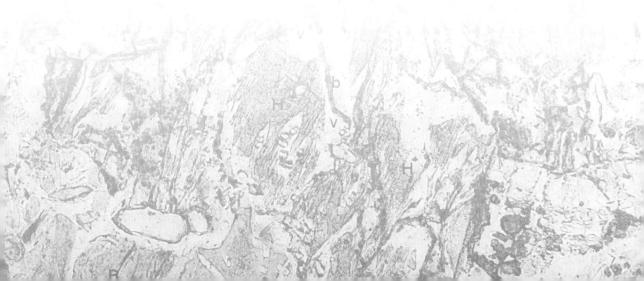

　　贺秀斌，1967年1月生，现任中国科学院水利部成都山地灾害与环境研究所研究员，博士生导师。主要从事侵蚀环境演变与水土保持科研工作，开展了土壤微观结构-流域景观多尺度水土过程研究；开创了水库消落带多营力土壤侵蚀过程机理与生态保育技术研究。在《中国科学》、《中国水土保持科学》、*National Science Review*、*Earth-Science Reviews* 等国内外著名期刊发表论文200余篇。曾获国务院三峡工程建设委员会"全国对口支援三峡工程库区移民工作先进个人"、中国科学院"西部学者突出贡献奖"、四川省"杰出青年学科带头人"、四川省"海外高层次留学人才"等荣誉奖励。

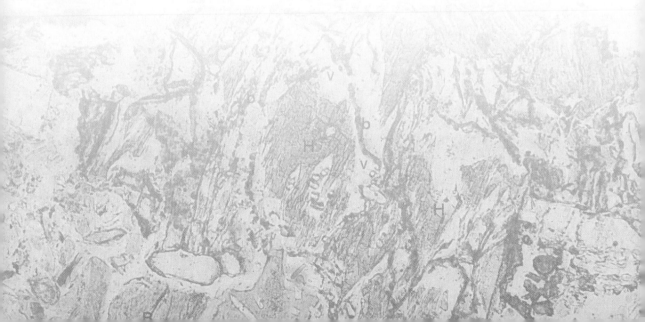

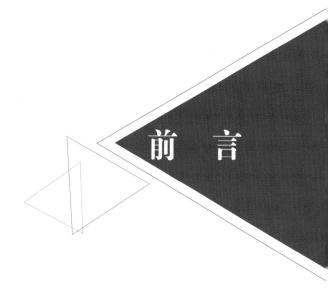

前　言

　　土壤结构在土壤物理、化学和生物过程中起着关键作用，是土壤生态系统功能的基础。土壤微形态学提出从微观尺度研究原状土壤组成与结构，为土壤结构–成因–功能互馈机制的研究提供了新的理念与方法，是土壤学研究领域的年轻分支学科。经过近一个世纪的发展，随着显微观测与探测技术的进步，土壤形态研究由定性描述向定量分析、静态剖析向动态机理研究、微观向超微观发展。土壤微形态学已广泛应用于土壤发生、土壤生态、土壤侵蚀、土地退化、地质灾害、环境变迁、材料化学和法学鉴定等领域。

　　本书以简洁的文字、集成性图表和系统性照片，全面介绍了土壤微形态学概念、方法和发展历程；展望了未来先进光电探测技术与数字图像处理技术发展为土壤超微结构、微域化学反应、微生物活动和"大尺度"景观演替研究带来的新机遇与挑战。书中收集了作者20世纪60年代在苏联的黑钙土土壤侵蚀机理研究和回国后在北京猿人考古、大寨海绵土、黄土–古土壤剖面的研究成果，以及团队在紫色土、三峡水库消落带等研究领域丰富的土壤微形态学研究案例，展示了土壤微形态学在考古、土壤发生诊断、黄土–古土壤剖面成因、土地质量维持、土壤侵蚀防治和生态系统保育等研究领域中发挥的不可替代作用。本书共6章，内容包括土壤微形态学概念、土壤微形态学方法、土壤发生成因的土壤微形态诊断、土地利用的土壤微形态响应、土壤侵蚀与土壤微形态和土壤微形态学展望。

　　参加相关研究工作的还有张平仓、郑粉莉、张成娥、查轩、许明祥、雷祥义、赵景波、张淑娟等同志，资料收集整编过程中得到王文龙、刘腾霖、李红等的协助；本书由中国科学院水利部水土保持研究所、西北农林科技大学黄土高原土壤侵蚀与旱地农业国家重点实验室基本科研业务费资助出版，刘宝元、冯浩、李世清对本书的出版给予极大的支持。在此一并表示由衷的感谢！

唐克丽

2022 年 6 月 15 日

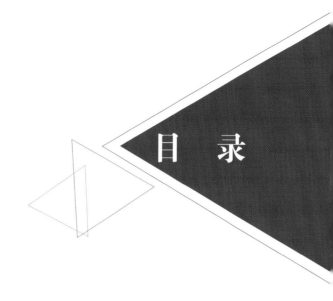

目 录

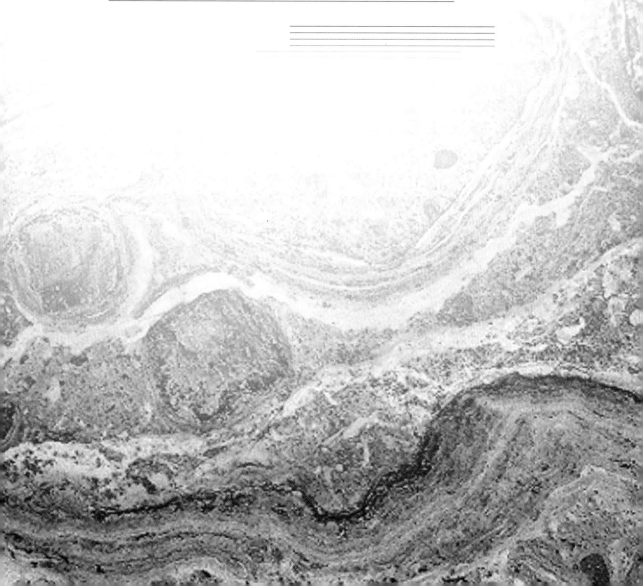

第一章
土壤微形态学概念

一、常规土壤学方法论

土壤学的兴起和发展与近代自然科学，尤其是化学和生物学的发展息息相关。16世纪以前，人们对土壤的认识仅以土壤的某些直观性质和农业生产经验为依据。我国春秋战国时期《管子·地员篇》和古罗马的《论农业》记载了早期古人对土壤的认

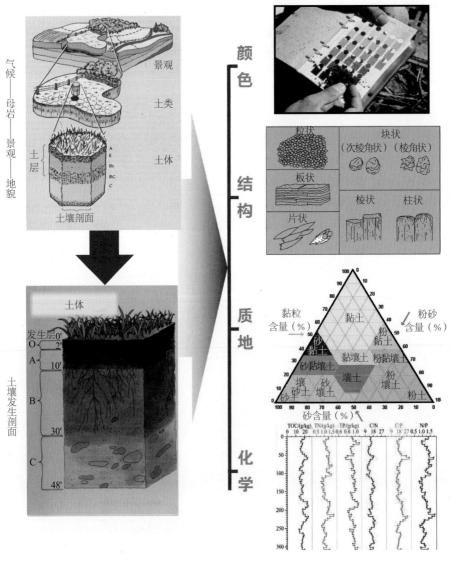

图 1.1 常规土壤研究方法概略图

知，古人直观地根据土壤颜色、土粒粗细、干湿状况和肥沃状况等进行土壤的分类。18 世纪以后，随着自然科学的发展，出现了以李比希为代表的农业化学派、以法鲁为代表的农业地质学派和以多库恰耶夫为代表的发生土壤学派，奠定了现代土壤学的基础，演化形成分支学科土壤地理学、土壤物理学、土壤化学、土壤生物学等；从应用方面又细分为土壤发生学、土壤分类学、土壤肥力与植物营养学、土壤生态学和土壤资源学等。但其基本的研究方法和途径大致是土体发生环境描述（如气候、植被、地貌地形、母质等），土体剖面（发生层）特征描述，土壤样品的物理、化学、生物实验分析等（图 1.1）。

二、土壤微形态学起源与原理

19 世纪末 20 世纪初，许多土壤与地质科学家认识到，决定土壤功能的不仅是化学物质组成，更重要的是土壤剖面形态和土壤结构，特别是微观结构。奥地利土壤学家库比纳（Kubiëna）注意到扰动土壤或粉碎土壤的理化性质分析研究的局限性，形象比喻道：用敲碎手表或熔化手表测定元素组成的方法不能完全了解手表的功能原理。他强调对原状土壤观察研究的重要性，并探索出用原状土壤样品制备土壤薄片的方法；利用偏光显微镜观察土壤薄片，提出以土壤垒结、骨架颗粒、基质等为中心概念的土壤微形态研究体系；同时也提出在微观土壤结构认知的基础上，制取精细样品，用于微化学反应和微物理试验的研究。1938 年，Kubiëna 出版了《微土壤学》（*Micropedology*）（Kubiëna，1938），系统论述了用偏光显微镜观察研究土壤薄片的技术与理论，一个崭新的土壤学研究方向——土壤微形态学就诞生了。

土壤微形态学是土壤学研究的一门分支学科，即在保持土壤自然状态的条件下应用偏光显微镜观察研究土壤的骨架颗粒（粗粒矿物或生物体）、基质、垒结、孔隙等土壤形成物的特征及其组配形态，并解释土壤组成、结构形态的发生成因与功能（图 1.2）（Kubiëna，1938；Brewer，1964；Stoops，1993）。

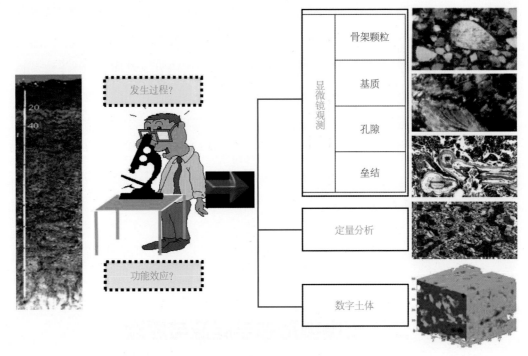

图 1.2　土壤微形态学原理导图

　　1938 年，Kubiëna 提出以"土壤垒结（soil fabric）"为核心概念的土壤微形态研究体系，此后 Brewer (1964)、Bullock 等（1985）、Парфенова and Ярилова（1987）、FitzPatrick（1993）、Parfenova（1977）等将其不断完善和赋予新的内涵，但均认同"土壤垒结"是表示土壤物质配置的单元，是土壤独有的、有别于岩石和泥沙的基本结构单元，且具有功能和成因方面的意义，每一种发育良好的土壤都有自己特有的垒结 (Terrible and Fitzpatrik，1992)。土壤垒结也被翻译为"土壤组织""土壤微结构"和"土壤组构"（黄瑞采，1979；唐克丽，1981a；何毓蓉和贺秀斌，2007）。本书综合多家的理念与内涵，将"土壤垒结"图解为图 1.3。

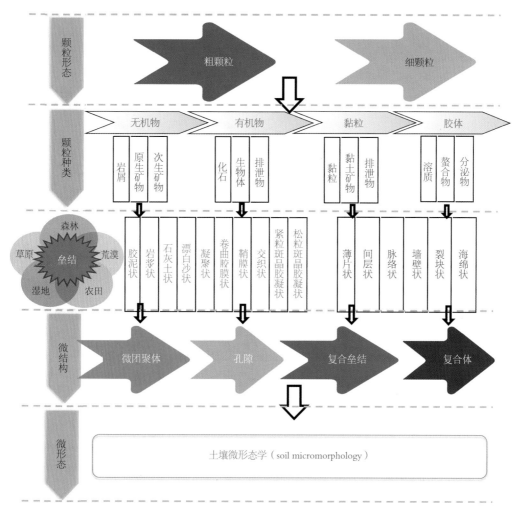

图 1.3　土壤垒结与土壤微形态要素体系

三、土壤微形态学意义

　　土壤结构决定了土壤的主要物理性能，并直接影响着土壤的物理、化学和生物过程，是土壤生态系统功能的基础（熊毅等，1965；曹升赓，1986）。土壤微形态学的优势在于将土壤的微观结构与宏观功能联系起来（图1.4）（贺秀斌，1993）。土壤微形态学随着自身体系的完善，特别是与其他方法和手段的结合，如矿物学、生物学方法及超微技术的应用，已在土壤矿物学、土壤物理、土壤化学、植物根际营养学以及土壤侵蚀、土壤灌溉与排水等土壤学科领域中显露身手，而且还渗透第四纪地质、石油、海洋、工矿、土建甚至细胞学、基因工程等学科和管理部门（张甘霖和龚子同，2001）。土壤结构与微观结构的研究已成为土壤发生、土壤功能、土壤水分溶质运移、土壤侵蚀及土壤保护等研究领域关注的热点（图1.5）。

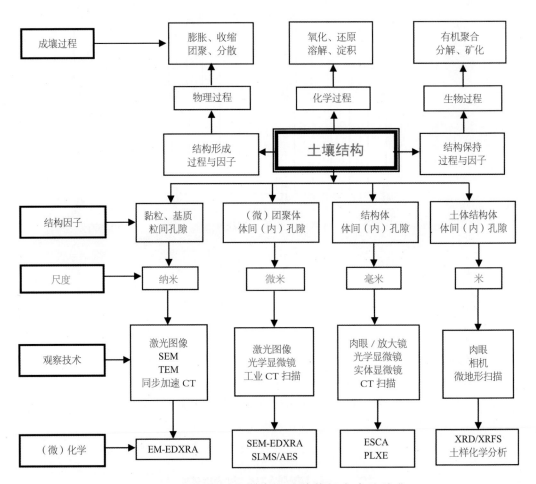

图1.4 土壤微形态学在土壤结构研究中的地位

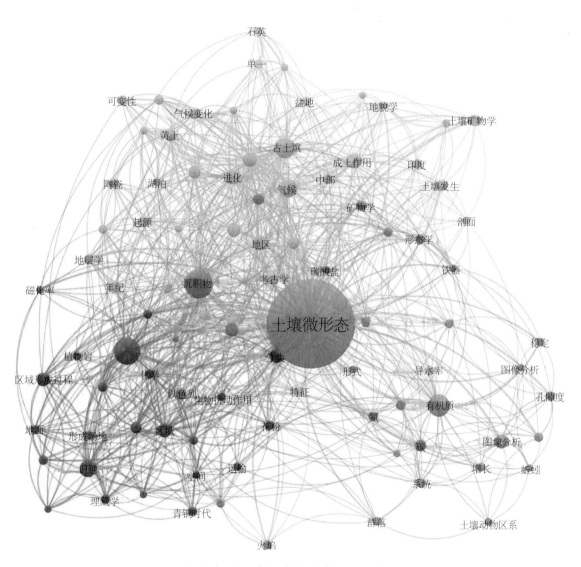

图 1.5　土壤微形态学相关领域关键词拓扑关系图谱

四、土壤微形态学发展历史

（一）国际土壤微形态学发展的标志性成果

国际土壤微形态学发展的标志性成果见表 1.1。

表 1.1　国际土壤微形态学发展的标志性成果

年份	成果	完成人
1938	*Micropedology*	Kubiëna
1964	*Fabric and Mineral Analysis of Soils*	Brewer
1979	*Glossary of Soil Micromorphology*	A.Jongerius G.K. Rutherford
1981	*Submicroscopy of Soils and Weathered Rock*	E.B.A.Bisdom
1983	*Soil Micromorphology*	P. Bullock C.P. Murphy
1984	*Micromorphology of Soils*	FitzPatrick
1985	*Handbook for Soil Thin Section Description*	Bullock 等
1985	*Soil Micromorphology and Soil Classification*	L.A. Douglas M. L.Thompson
1986	*Soil Micromorphology*	Stoops H.Eswaran
2003	*Guidelines for Analysis and Description of Soil and Regolith Thin Sections*	G.Stoops
2008	*New Trends in Soil Micromorphology*	S.Kapur A.Mermut G. Stoops

（二）国际土壤微形态学历届会议活动

国际土壤微形态学历届会议活动见表 1.2。

表 1.2　国际土壤微形态学历届会议

届数	时间	地点
第一届	1962 年	布伦瑞克（德国）
第二届	1964 年	阿纳姆（荷兰）
第三届	1969 年	弗罗茨瓦夫（波兰）
第四届	1973 年	安大略（加拿大）
第五届	1977 年	格拉纳达（西班牙）
第六届	1981 年	伦敦（英国）
第七届	1985 年	巴黎（法国）
第八届	1988 年	圣安东尼奥（美国）
第九届	1992 年	汤斯维尔（澳大利亚）
第十届	1996 年	莫斯科（俄罗斯）
第十一届	2001 年	肯特（比利时）
第十二届	2004 年	亚达那（土耳其）
第十三届	2008 年	成都（中国）
第十四届	2012 年	列伊达（西班牙）
第十五届	2016 年	墨西哥（墨西哥）
第十六届	2020 年	克拉科夫（波兰）

第一届国际土壤微形态学大会代表（德国，布伦瑞克）

第十三届国际土壤微形态学大会代表（中国，成都）

第二章
土壤微形态学方法

一、土壤分区分类调查

土壤是地球表层系统的关键带，是岩石圈、水圈、生物圈和大气圈的交错过渡带，也是其相互作用的产物（张甘霖等，2003；He X B, 2008）。土壤微形态学是微观土壤学的分支学科，与土壤地理学等学科相结合，才能体现土壤微形态研究的特殊性、重要性和系统性。土壤调查首先考虑地质、地貌与气候等地理因素（龚子同，1999；李天杰等，2004），其次考虑土壤发生发育因素，如地形、生物及水热条件，最后是人为因素，如社会环境、土地利用方式、耕作与施肥等（张甘霖等，2018）。影响土壤形成与特性的主要因子如图 2.1 所示。

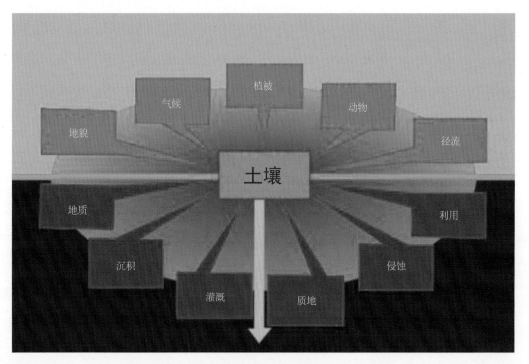

图 2.1　影响土壤形成与特性的主要因子

二、典型土体剖面选择与勘查

土壤微形态学研究的土壤剖面勘查内容见表2.1。

表 2.1 土壤微形态学研究的土壤剖面勘查内容表（何毓蓉和张丹，2015）

	成土环境	剖面构造	土壤形态和属性
地带性要素	1. 地带性土壤形成环境：水热环境指标、海拔地形地貌、母岩母质类型、植被群落特征 2. 非地带性土壤形成环境：水成环境、干旱条件、特殊母质类型、人为活动因素、地质活动（火山、滑坡、泥石流等）环境	1. 发生土层：腐殖质层（A_1）、耕作层（AP）、淋溶层（A_2）、淀积层（B_1、B_2 等）、母质层（C）、过渡层（AB、AC BC 等） 2. 诊断层：诊断表层（有机物质表层、腐殖质表层、人为表层、结皮表层等）、诊断表下层（漂白层、舌状层、雏形层、铁铝层、黏化层等）	1. 物理属性：土色、质地、组成结构 2. 化学属性：酸碱性、矿物组成，结核、斑、纹、膜等物相 3. 生物属性：有机残遗体、腐殖质、动植物代谢产物、微生物等 4. 人为属性：耕作、施肥、灌溉、作物等
非地带性要素	1. 水热环境：划分干旱、半湿润、湿润、潮湿、滞水等与寒性、冷性、温性、热性等的水热环境组合类型，辅助微形态分析 2. 母质类型：母岩地层及岩性、沉积物地层及特性、残积性与搬运迁移特征、异源及多源性 3. 生物与人类活动影响：植被类型和对土壤形成发育的影响程度、人类耕作活动的历史和作用程度	1. 森林土壤：枯枝落叶层、树根层、泥炭层、腐殖质层或结构层、淋溶淀积层、母质层等 2. 草原土壤：枯草层、草根层、草碳层、腐殖质层或结构层、淋溶淀积层、母质层等 3. 荒漠土壤：结皮层、盐积层、钙积层、母质层等 4. 水田土壤：水耕表层、犁底层、锈斑锈纹层或氧化还原层、漂白层与潜育层、母质层等 5. 旱地土壤：耕作层、堆垫层及压实层、耕作淀积层、底土层等	1. 土壤基本物质组成：颗粒组成与质地类型、粗颗粒（粒径大于 0.02mm）的基本原生矿物特征及组成、细颗粒（粒径小于等于 0.02mm）的特征和黏土矿物组成类型，有机质的特征及数量分布 2. 土壤结构性特征：土壤各类结构体（大、中、小、微）和土壤各类孔隙（大、中、小、微）的形态及数量 3. 土壤新生体：核状新生体（钙质、铁锰质、硅质等）、斑纹新生体（类型同上）、胶膜新生体（腐殖质、黏土质、氧化物质等）

三、原状土壤样品采集

获得原状土样是土壤微形态研究的关键，Brewer（1964）的《土壤结构与垒结》（*Fabric and Mineral Analysis of Soils*）、何毓蓉和张丹（2015）的《土壤微形态学研究与实践》、Verrecchia 和 Trombino（2021）等详细叙述了从野外宏观到光学显微镜下研究土壤结构的方法。有些原状土样必须采取特殊的保护措施，比如用巴黎橡皮膏覆盖土壤表面的方法来保护组织结构，防止采样后在运输和贮存期间产生一些人为的裂隙，样品表面盐分泡腾、有机物质暗化和盐分脱水。土壤微形态研究样品的采集方法如图 2.2 所示，土壤原状土样采集现场展示图如图 2.3 所示。

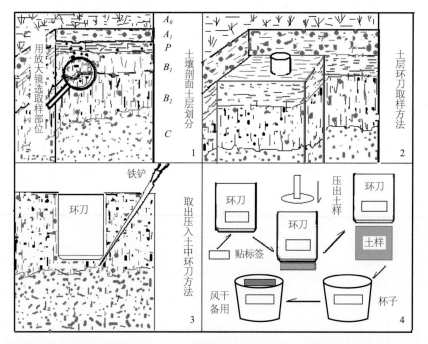

图 2.2　土壤微形态研究样品的采集方法示意图（何毓蓉和张丹，2015）

注：1. 对土壤剖面划分发生层或诊断层，用放大镜选择取样部位；2. 修出取样土柱，逐层清理，并分别用环刀采样；3. 将环刀压入土中，用铁铲将环刀取出；4. 取好的土样半风干后取出，装入一次性杯子，完全风干备用

图 2.3　土壤原状土样采集现场展示图（Verrecchia and Trombino, 2021）

四、土壤薄片制作

土壤薄片的制备包括样品的浸渍固化、切片和磨片。

（一）样品的浸渍固化

早期的土壤微形态湿样是用风干或烘干的方式，水分不能完全地脱出，引起松香不能固化和产生人为裂隙等问题。针对这个问题，Jongerius 和 Heintzberger（1975）采用冷冻干燥技术，Miedema 和 Chartres（1994）、Fitzpatrik（1993）分别用液相和固相丙酮脱水方法，Murphy（1986）用多次液相丙酮脱水和磁性振动器使这种方法得到很大的改善，并使操作时间大大缩短。在样品多时，可采用一个由多个容器呈阶梯排列的系统，每一个容器有一个入水口和溢水口，在最后一个容器用多丙烯聚酯给丙酮脱水，然后再用泵抽回到第一个容器循环使用丙酮。Chartres 和 Bresson（1994）研究了丙酮对黏壤的破坏作用，指出这种作用可以通过添加聚氯苯来防止；另外，使用二氧己环而不用丙酮也可以达到同样的效果，但毒性较大、价格较贵而不常采用。常用的固化剂有加拿大树胶、松香、甲基丙烯酸甲酯、不饱和聚酯树脂和环氧树脂等（Stoops，1993）。聚苯乙烯和环氧树脂仍然是目前较好的浸渍固化剂。多数浸渍过程在样品与容器之间（而不是在样品上）渐加松香保证香能被毛管吸收，直到土壤样品差不多（而不是全部）完全被松香浸没再使用真空手段，整个过程约需要一天时间。唐克丽（1981b）介绍了松香二甲苯固结法和环氧树脂胶固结法，较为简单实用。曹升赓（1989a）介绍了不饱和聚酯树脂固结法。最近很多研究者用在含水的土壤中可以固化的不透明环氧树脂在野外浸渍样品，或用可以吸收水分的甲基丙烯酸甲酯直接浸渍未脱水的样品（贺秀斌，1998a）。

（二）切片和磨片

固化好的土壤样品，先在切割机上切割成稍大于土壤薄片尺寸的块样，如3cm×3cm×6cm。对切割出的块样，可进行肉眼或放大镜观察，检查确认胶固质量和土壤基本结构信息。然后选择一面在磨片机上进行磨平工序，再切割成适当尺寸（与载玻片大小相适应），将磨出平面的土壤样块，选择热固性较好的胶液涂胶到显微镜用的载玻片上。采用相同的磨平工序，把载玻片上土壤样块磨薄至标准厚度0.03mm，误差控制在0.001～0.02mm。最后，将盖玻片胶盖在土样上，用溶剂擦洗干净薄片，贴上土壤样品信息的标签（曹升赓，1989a；贺秀斌，1998a）。

磨平工序是一个非常复杂而精细的工艺流程，分为粗磨、细磨和精磨三个阶段，需根据固化土壤的颗粒粗细和固化剂的特性，选用不同粒径的金刚砂磨料（唐克丽，1962）。一般粗磨选用磨料的粒径为2～0.1mm，细磨为0.1～0.028mm，精磨为0.01～0.001mm。粗磨的目的是将土壤样块磨削成薄片雏形和磨出平整的平面，细磨是把粗磨出的土壤样块平面还比较粗糙的状况磨得更平整光滑，精磨使薄片表面如同载玻片表面一样，平整、均匀、光洁（何毓蓉和张丹，2015）。

土壤薄片制备工艺流程如图2.4所示，土壤固化与薄片切磨过程现场如图2.5所示。

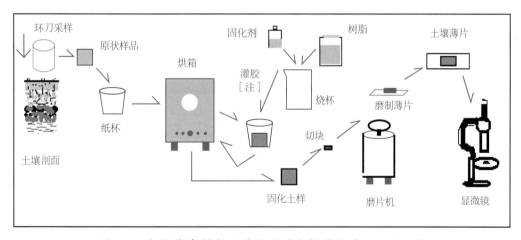

图2.4　土壤薄片制备工艺流程（何毓蓉和张丹，2015）

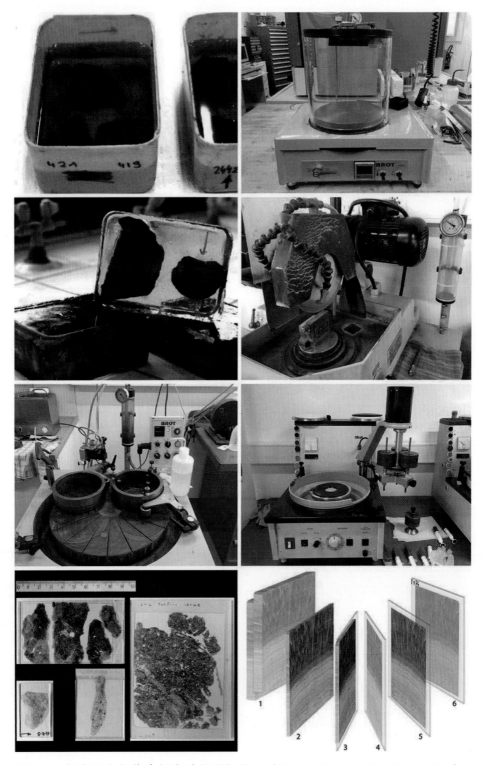

图 2.5　土壤固化与薄片切磨过程现场展示（Verrecchia and Trombino, 2021）

五、镜下观察

（一）偏光显微镜的构造与使用

偏光显微镜构造示意图如图 2.6 所示，偏光原理如图 2.7 所示。

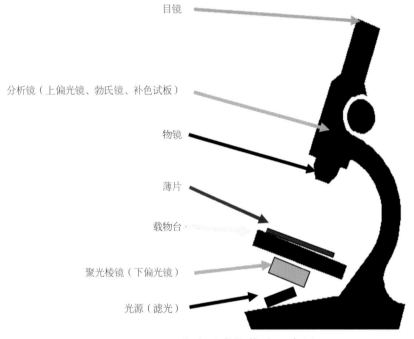

　　　　　　　　图 2.6　偏光显微镜构造示意图

1）目镜

目镜一般可分为放大 5 倍、10 倍和 20 倍，多数目镜配有内刻十字丝和测微尺（长度 1 mm，最小分刻度 0.01 mm）或方格网。目镜接口可更换照相设备。

2）分析镜

分析镜的位置一般放置上偏光镜、勃氏镜、补色试板。上偏光镜用于正交偏光观察，可通过调节角度的旋钮来任意调节偏光角；勃氏镜用于在高倍率条件下与物镜形成放大的干涉图像，根据所形成的十字图形确定矿物的正、负光性；补色试板有石膏试板、石英试板、云母试板和 1/4 λ 试板等，可依据试板后干涉色的升降确定矿物的轴性等。

3）物镜

物镜头一般以 3 个或 5 个镜头为一组安装在转动的物镜架上，放大倍数一般为 4 倍、10 倍、20 倍、40 倍、60 倍等。

4）薄片

薄片用于观察对象，由载玻片、厚度 3μm 的土壤或岩石样品和盖玻片组成。在研究土壤中的生物组织或微生物种类时，可在浸渍前或加盖薄片前对样品进行荧光染色。

5）载物台

载物台用于固定薄片，可进行 360° 自由旋转。

6）聚光棱镜

在高放大倍数下观察时，使用聚光棱镜增强光的亮度。

7）聚光棱镜（下偏光镜）

下偏光镜使自然光源变平行偏光（Parallel Polarized Light, PPL），上下偏光同时使用可观察正交偏光（Xantholite Polarized Light, XPL）干涉色。

8）光源

光源一般为白炽灯泡或阴极射线照明，经反射镜进入显微镜光路，可根据需要加不同滤光片。

矿物干涉色原理如图 2.8 所示，矿物干涉色分级对比图谱如图 2.9 所示。矿物干涉色影像与偏光显微镜原理如图 2.10 所示。

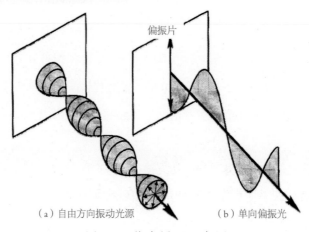

（a）自由方向振动光源　　　　（b）单向偏振光

图 2.7　偏光原理示意图

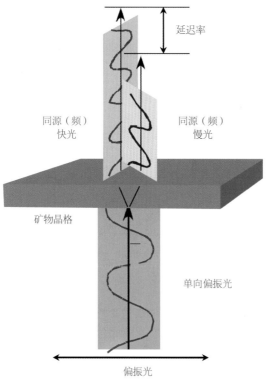

图 2.8　矿物干涉色原理示意图

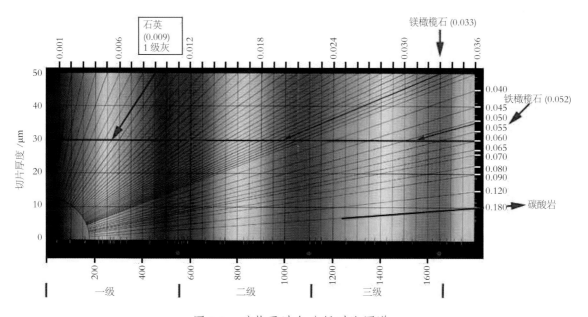

图 2.9　矿物干涉色分级对比图谱

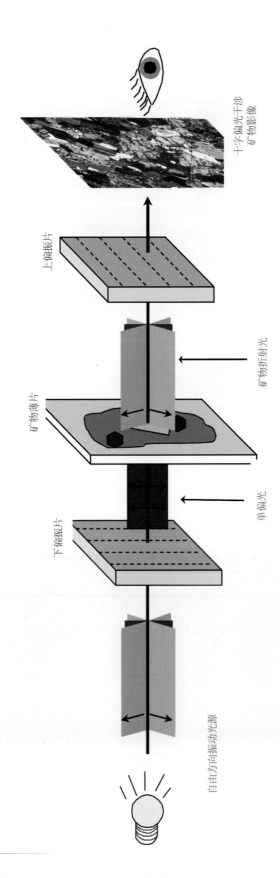

图 2.10　矿物干涉色影像与偏光显微镜原理示意图

（二）土壤质地

土壤质地及其显微特征如图 2.11 所示。

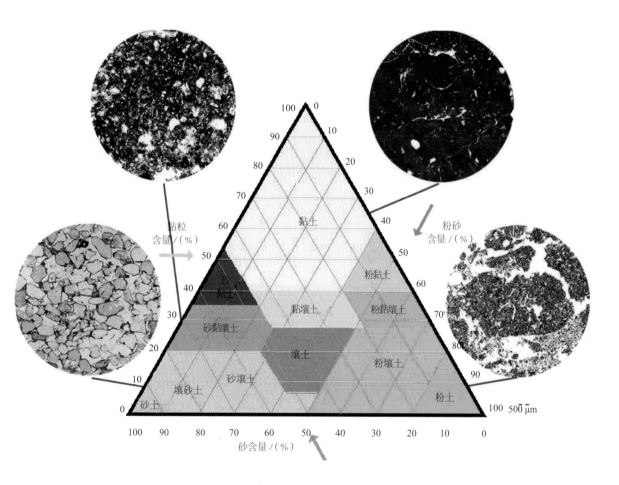

图 2.11 土壤质地及其显微特征

（三）土壤结构

土壤结构显微特征如图2.12所示。

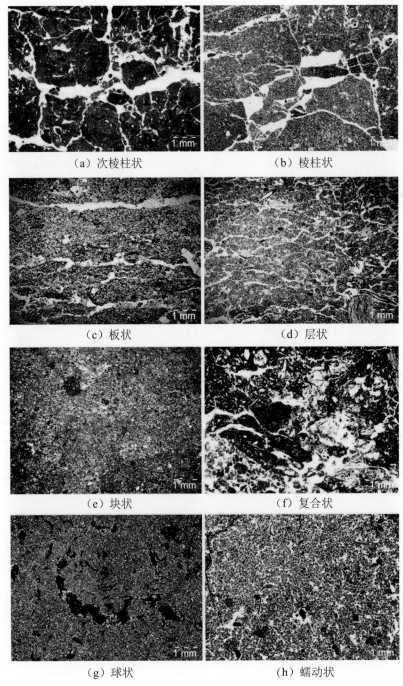

（a）次棱柱状　　　　　　　　　　　（b）棱柱状

（c）板状　　　　　　　　　　　　（d）层状

（e）块状　　　　　　　　　　　　（f）复合状

（g）球状　　　　　　　　　　　　（h）蠕动状

图 2.12　土壤结构显微特征（PPL）（Verrecchia and Trombino，2021）

（四）土壤垒结

土壤垒结显微特征如图 2.13 所示。

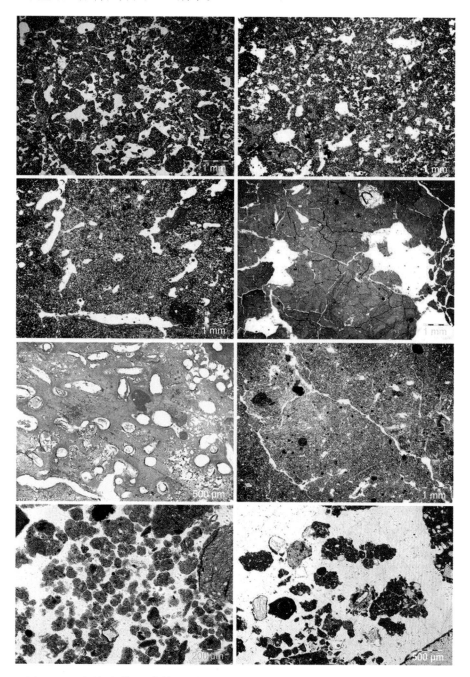

图 2.13　土壤垒结显微特征（PPL）（Verrecchia and Trombino，2021）

注：以孔隙、裂隙、细粒基质和腐殖质为主组成的疏松海绵状结构

（五）骨架颗粒形态

土壤骨架颗粒形态显微特征如图 2.14 所示。

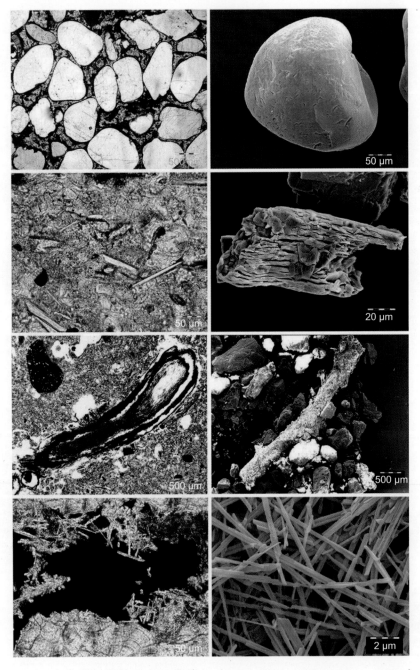

图 2.14　土壤骨架颗粒形态显微特征（Verrecchia and Trombino，2021）

注：图中为磨圆度、板（片）状、棒状、针状等

（六）典型矿物

常见矿物及其特性详见表 2.2，土壤常见次生矿物种类见表 2.3，土壤中部分常见不透明矿物形态特征见表 2.4。

表 2.2 常见矿物及其特性（金石琦，1995；舒良树，2017）

矿物名称		化学成分	形态特征	折射率	消光角	晶轴性	晶系	硬度	比重/（g/cm³）	解理
中文	英文									
石英	Quartz	SiO_2	六方柱状、粒状、块状，无色、白色，油脂光泽	1.55	直角	一轴正	三方	7	2.65	—
正长石	Orthoclase	$K[AlSi_3O_8]$	短柱状、厚板状和粒状，肉红色，玻璃光泽	1.52	直角	二轴负	单斜	6～6.5	2.6	二向完全，相互正交
斜长石	Plagioclase	$Na_{1-x}Ca_x$ $[(Al_{1+x}Si_{3-x}O_8)]$ 其中，x 为 0～1	薄板状、柱状、粒状，灰白色，土状光泽	1.53～1.58	斜角	二轴正-负	斜角	6～6.5	2.7	二向完全，相互斜交
白云母	Muscovite	$K\{Al_2[AlSi_3O_{10}](OH,F)_2\}$	呈假六方片状，鳞片集合体，白、灰色、无色，珍珠光泽	1.58	近平行	二轴负	单斜	2～2.5	2.8～3	一向极完全
黑云母	Biotite	$K(Mg, Fe)_3$ $(AlSi_3O_{10})$ $(OH, F)_2$	呈假六方片状，鳞片集合体，黑色、绿黑色，珍珠光泽	1.58～1.65	平行消光	二轴负	单斜	2～2.5	3～3.1	一向极完全
角闪石	Hornblende	$Ca_2Na(Mg,Fe^{2+})$ $[(Al,Si)_4O_{11}]_2(OH)_2$	长柱状、横断面六边形，暗绿、暗褐等，玻璃光泽	1.62	15°～18°	二轴负	单斜	5.5～6	3.1～3.4	二向完全
方解石	Calcite	$CaCO_3$	菱面体、粒状、结核状，无色、灰白色，玻璃光泽	1.48～1.68	55°	一轴负	三方	3	2.6～2.8	三向完全
白云石	Dolomite	$CaMg(CO_3)_2$	菱面体、集合体呈粒状、致密块状，白、灰或浅黄色，玻璃光泽	1.48～1.68	20°～40°	一轴负	三方	3.5～4	2.8～2.9	三向完全

矿物名称		化学成分	形态特征	折射率	消光角	晶轴性	晶系	硬度	比重 (g/cm³)	解理
中文	英文									
重晶石	Barite	$BaSO_4$	板状、柱状、粒状集合体，无色、白色、灰色，玻璃光泽	1.63	平行消光	一轴负	三方	3～3.5	4.3～4.7	三向完全
石膏	Gypsum	$Ca(SO_4)\cdot 2H_2O$	纤维状、板状、块状，浅灰、白色，玻璃光泽	1.57～1.61	38°	二轴正	单斜	2	2.3	一全二不
磷灰石	Apatite	$Ca_5[PO_4]_3(F, Cl,OH)$	柱状、结核状、块状，白色或各色，玻璃、油脂光泽	1.64	直角	二轴负		5	3.2	不完全
普通辉石	Augite	$(Ca,Na)(Mg, Fe, AlTi)(Al, Si)_2O_6$	短柱状、横断面八边形，暗绿、褐蓝色，玻璃光泽	1.70	38°～54°	二轴正	单斜	5～6	3.3～3.6	二向完全
橄榄石	Olivine	$(Mg, Fe, Mn)_2SiO_4$	粒状，橄榄绿色，玻璃、油脂光泽	1.67～1.70	直角	二轴正-负	斜方	6.5～7	3.3～3.5	二向不完全
石榴石	Garnet	$Ca_3Al_2(SiO_4)_3$	菱面十二体、粒状，各种色，玻璃、油脂光泽	1.70～1.89	异常		等轴	6.5～7.5	3～4	—
阳起石	Actinolite	$Ca_2(Mg,Fe^{2+})_5(Si_8O_{22})(OH)_2$	长柱状、针状、放射状	1.62	15°～18°	二轴负	单斜	6	3	二向完全
蓝闪石	Glaucophane	$Na_2[(Mg,Fe)_3Al_2](Si_8O_{22})(OH)_2$	柱状，玻璃光泽或丝状光泽	1.63	4°～6°	二轴负	单斜	6	3.1	二向完全
蓝晶石	Kyanite	$Al_2(SiO_4)O$	常呈纤维状、束状集合体	1.72	平行消光	二轴负	三斜	5.5～7.0	3.5～3.6	对角线
电气石	Tourmaline	$H_8Na_2Mg_6B_6Al_{12}Si_{12}O_{62}$	短柱状	1.65～1.69	直角	一轴负	六方	7.0～7.5	2.8～3.3	二向完全
绿帘石	Epidote	$Ca_2(Al, Mn, Fe)_3Si_3O_{12}(OH)$	短柱状（b轴）、柱状	1.72～1.75	25°～30°	二轴负	单斜	6.5	3.8	一向完全

续表

矿物名称		化学成分	形态特征	折射率	消光角	晶轴性	晶系	硬度	比重（g/cm³）	解理
中文	英文									
绿泥石	Chlorite	$Y_3[Z_4O_{10}]$ $(OH)_2 Y_3(OH)_6$（$Y=Mg^{2+}$, Fe^{2+}, Al^{3+}, Fe^{3+}）	假六方片状或板状、鳞片状、土状，绿色、暗绿色，土状光泽	1.57～1.66	—	二轴正-负	单斜	2～2.5	2.8	一向极完全
锆石	Zircon	$Zr[SiO_4]$	四方双锥状、柱状、板状针状，金刚光泽	1.9	直角	二轴正	四方	7.5～8	3.9～4.8	—
金红石	Rutile	TiO_2	四方柱状，金刚光泽	2.6～2.9	直角	一轴正	四方	6	4.2	—
刚玉	Corundum	Al_2O_3	桶状、柱状、锥状及腰鼓状，玻璃光泽	1.76	—	一轴负	三方	9	3.95	一向完全
蛋白石	Opal	$SiO_2·nH_2O$	短柱状、棒状	1.44	—	—	非晶质	5	1.9～2.5	—

表2.3 土壤常见次生矿物种类（何毓蓉和张丹，2015）

类型	黏土矿物	氧化物	盐类
含水硅酸盐	高岭石 蒙脱石 伊利石	多水高岭土	绿泥石 蛭石
硅铝质		石英、蛋白石、玉髓、水铝英石、三水铝石	
铁锰质		赤铁矿、针铁矿、黄铁矿、软锰矿	蓝铁矿、菱铁矿
钙镁质		海泡石	方解石、菱镁矿、白云石、泻利盐、石膏、草酸钙石、文石
其他		尖晶石	芒硝、天青石

表 2.4　土壤中部分常见不透明矿物的形态特征（何毓蓉和张丹，2015）

矿物名称	斜反射光下矿物颗粒的形态特征
赤铁矿	薄片状、鳞片状，带有金属光泽的钢灰色、亮红色或黑色
针铁矿	泉华状、肾状或粉末状，浅栗黄色或栗色
钛铁矿	菱面状、薄片状，带有金属光泽的黑色
磁铁矿	八面体或不规则形状，带有金属光泽的灰黑色
白铁矿	板状、角锥状或小棒状颗粒，带有金属光泽的青铜色或白色
黄铁矿	粉末状或特殊形状（立方体晶形、结核状等），带有金属光泽的亮铜黄色
菱铁矿	扁球状、菱面状或不规则形状颗粒，微带红色、浅灰色或浅灰绿色
褐铁矿	粉末状、颗粒状或不规则形状，暗栗色或带有金属光泽的浅黄栗色
蓝铁矿	棱柱状、针状或放射状，新鲜者带有金属光泽的灰蓝色，氧化后呈栗色
软锰矿	不规则形状或圆球形、粉末状、针状或棒状，带有紫红色或暗淡金属光泽的黑色
硬锰矿	粉末状、泉华状、结核状或者鲕状，带有暗淡金属光泽或者不带有金属光泽的黑色、浅栗黑色

土壤常见矿物偏光显微特征如图 2.15 所示。

斑晶褐铁矿（XPL）

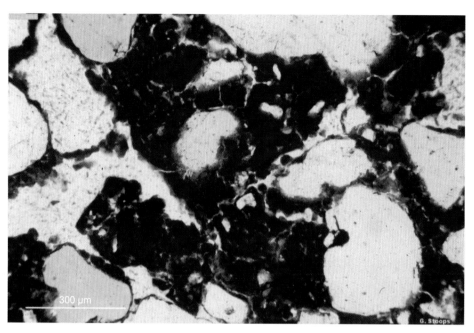

石英（被棕褐色黏粒物质包裹）（PPL）

石英（XPL）

长石（黄褐色为辉石）（PPL）

白云石（XPL）

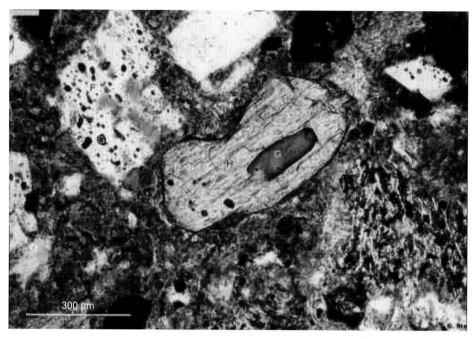

角闪石（PPL）

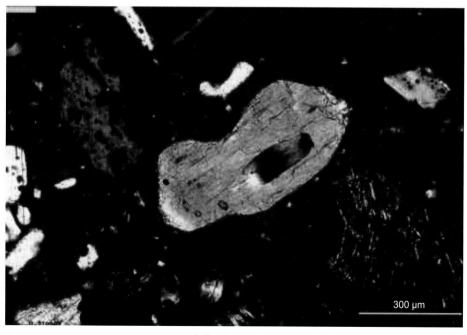

角闪石 （XPL）

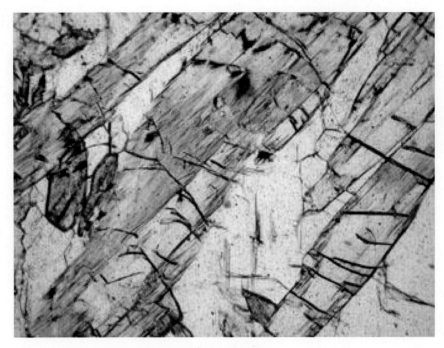

透闪石（PPL）

透闪石（XPL）

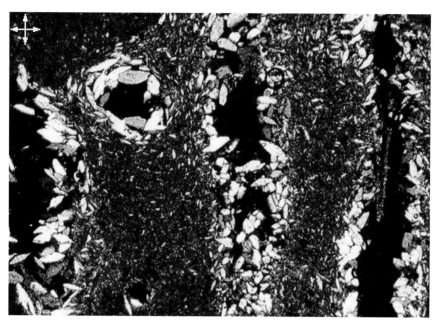

石膏（XPL）

石膏（XPL）

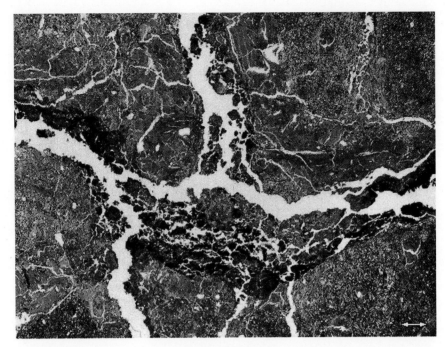

次生碳酸盐 (PPL)

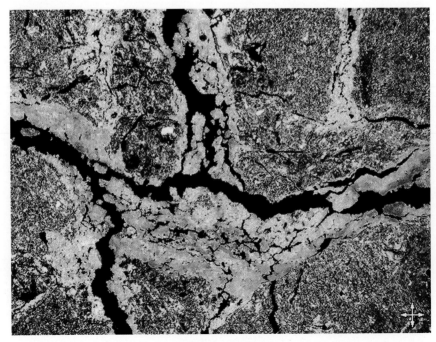

次生碳酸盐 (XPL)

黑云母（PPL）

黑云母（XPL）

白云母（PPL）

白云母（XPL）

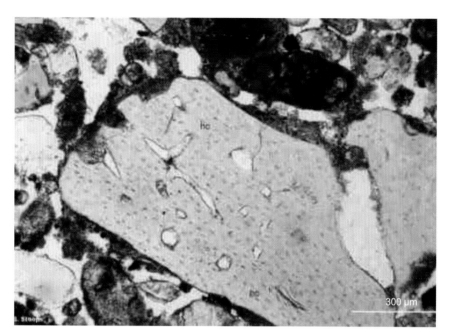

磷灰石（PPL）

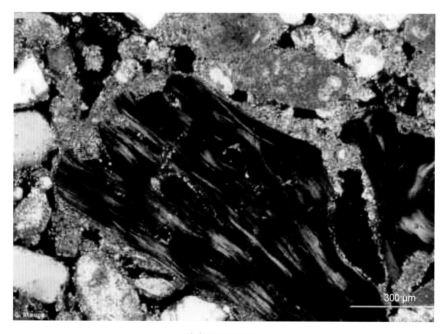

磷灰石（XPL）

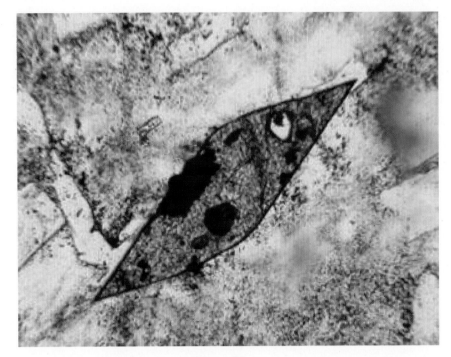

榍石（PPL）

榍石（XPL）

红柱石（PPL）

红柱石（XPL）

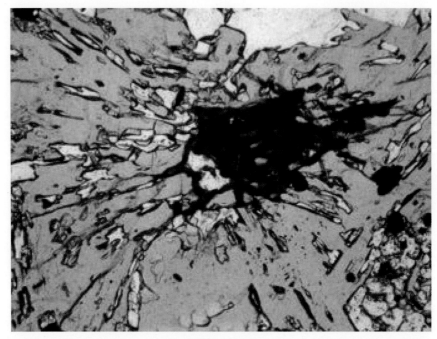

十字石（PPL）

十字石（XPL）

电气石（PPL）

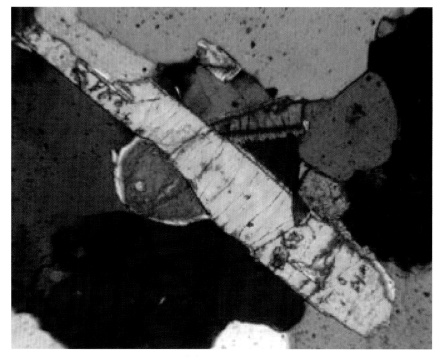

电气石（XPL）

斜辉石（双晶）（XPL）

斜辉石（XPL）

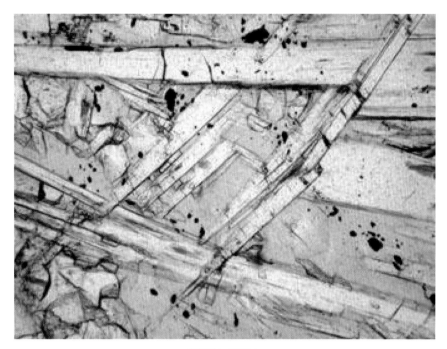

直闪石（PPL）

直闪石（XPL）

海绿石（PPL）

海绿石（XPL）

萤石（PPL）

萤石（XPL）

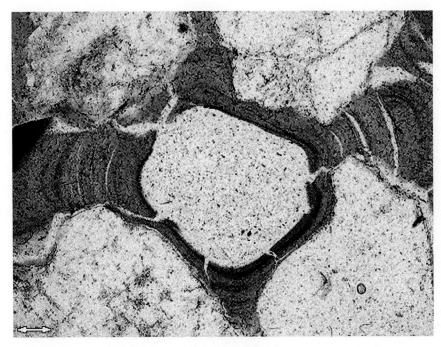

光性方位黏土（PPL）

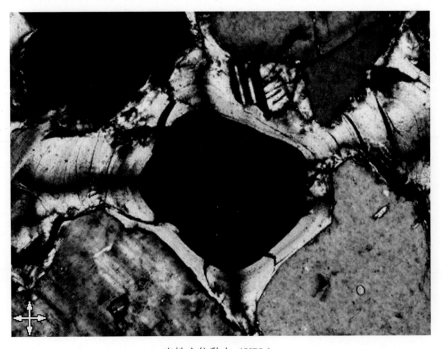

光性方位黏土（XPL）

高岭石（XPL）

高岭石（XPL）（石膏补色）

绿帘石（PPL）

绿帘石（XPL）

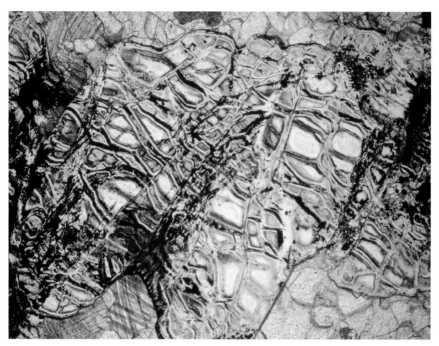

蛇纹石（PPL）

蛇纹石（XPL）

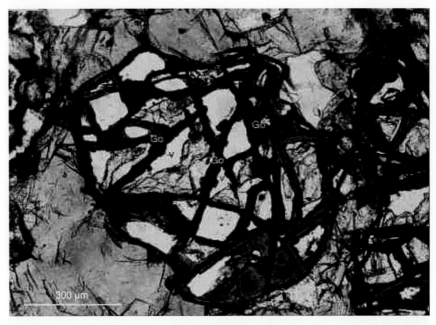

石榴石（PPL）

石榴石（XPL）

金红石（PPL）

金红石（XPL）

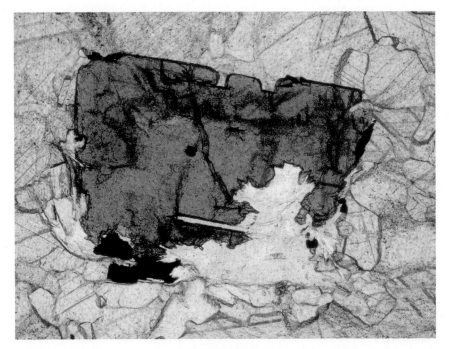

尖晶石（PPL）

尖晶石（XPL）

橄榄石（PPL）

橄榄石（XPL）

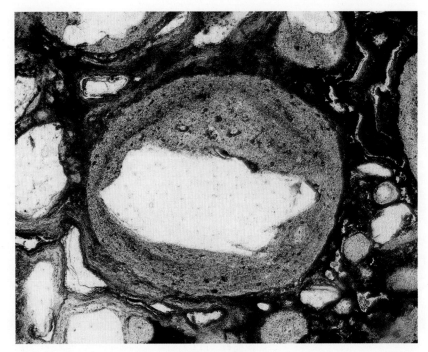

蛋白石（PPL）

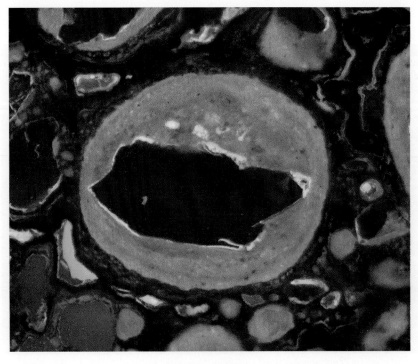

蛋白石（XPL）

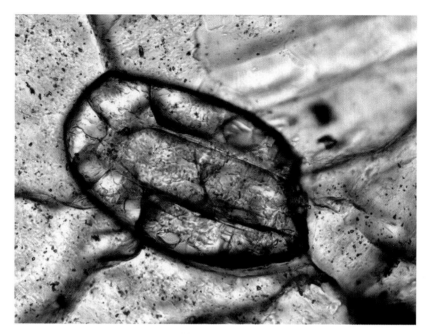

锆石（PPL）

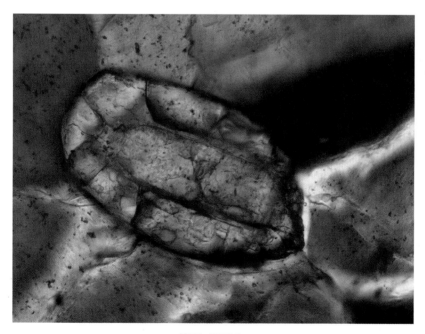

锆石（XPL）

图 2.15　土壤常见矿物偏光显微特征

（七）碳酸盐

土壤碳酸盐显微特征如图 2.16 所示。

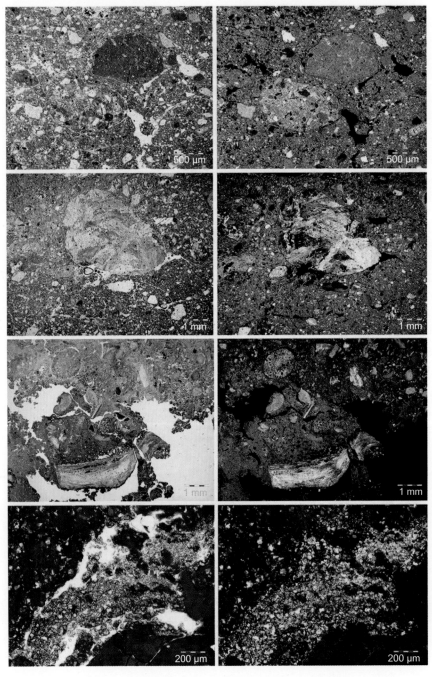

图 2.16　土壤碳酸盐显微特征（Verrecchia and Trombino，2021）

（八）铁锰氧化物

土壤铁锰氧化物等不透明矿物显微特征如图 2.17 所示。

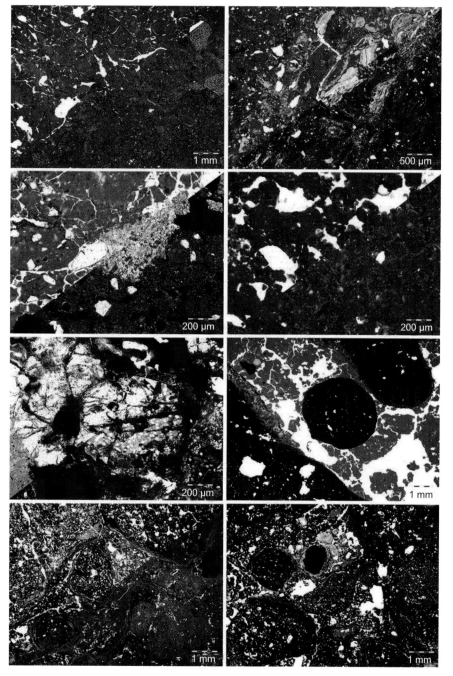

图 2.17　土壤铁锰氧化物等不透明矿物显微特征（Verrecchia and Trombino，2021）

🌱（九）有机体

土壤有机体显微特征如图 2.18 所示，土壤腐殖质显微特征如图 2.19 所示。

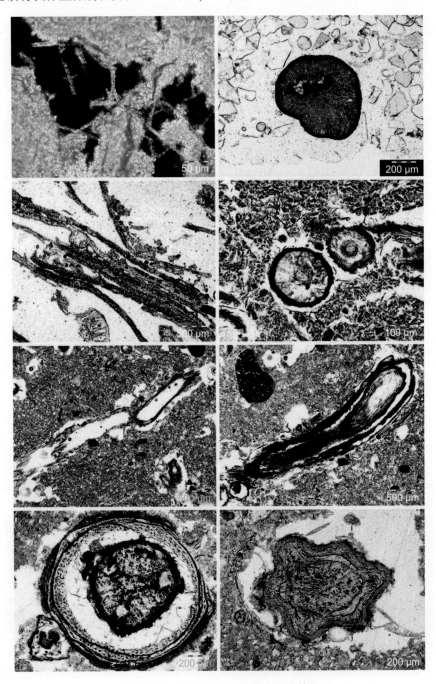

（a）真菌、叶片组织、根茎的显微特征

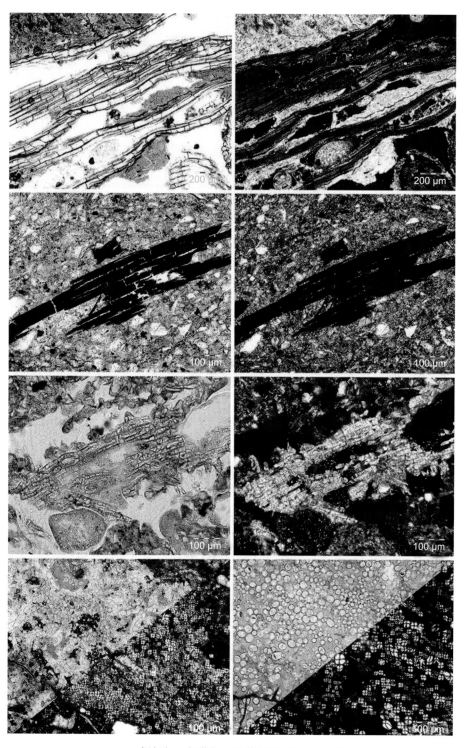

（b）根组织、钙化根、动物排泄物的显微特征

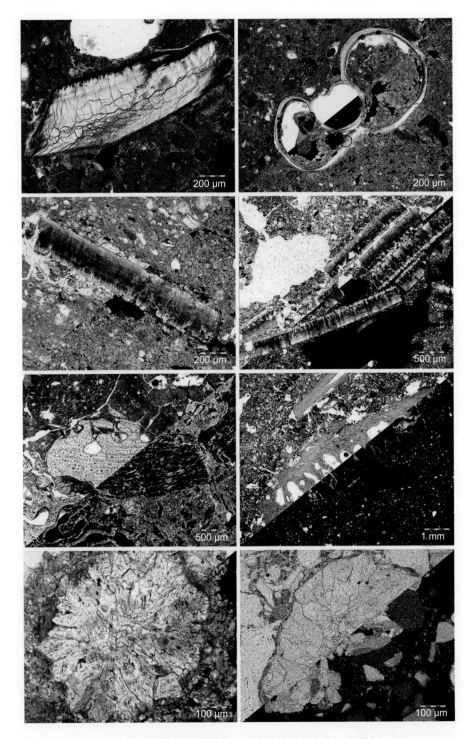

（c）贝壳、蛋壳、蚯蚓粪（被碳酸钙替代）的显微特征

图 2.18　土壤有机体显微特征（Verrecchia and Trombino，2021）

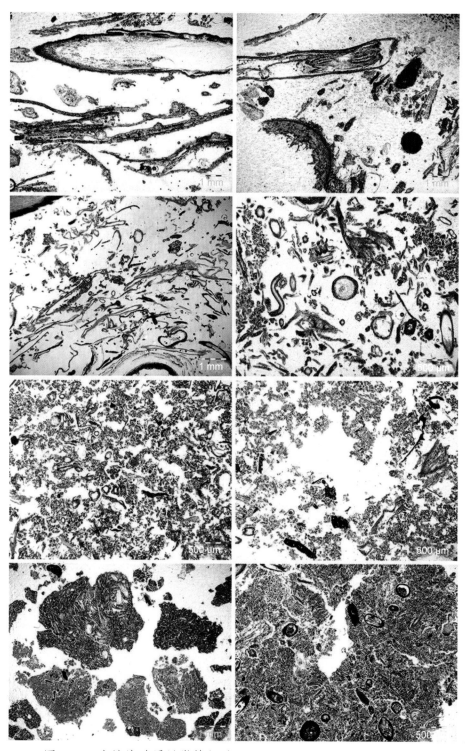

图 2.19 土壤腐殖质显微特征（Verrecchia and Trombino，2021）

注：腐质层有机残屑、团聚体、蚯蚓粪

（十）人为碎屑

土壤人为碎屑显微特征如图 2.20 所示。

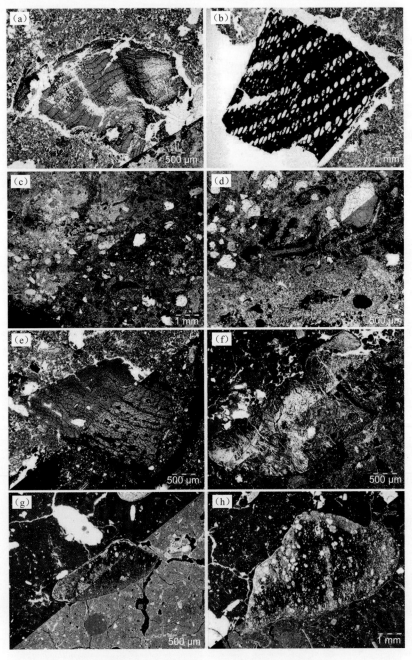

图 2.20　土壤人为碎屑显微特征（Verrecchia and Trombino，2021）
注：（a）、（b）为木炭；（c）、（d）为碳酸钙微晶中的灰烬；（e）、（f）为受热不同的骨块；（g）、（h）为燧石碎片

六 、土壤微形态特征描述

土壤本身是自然界一种多相混合物，在不同尺度上和从不同角度去观察土壤结构特征有显著差异（如均一性、颜色、孔隙形状和分布等），而对土壤微形态的表述缺少像物理或数学那样的标准化术语，描述术语多而混乱，致使不同来源土壤微形态资料之间的对比较困难。Bullock 等（1985）在国际土壤科学联合会（ISSS）的倡导下，兼顾①尽量使用已经流行的概念和术语（包括岩相学、沉积学和生物学）；②使其能应用于各种学科；③尽量用形态判据来定义结构特征和种类的原则，编制了《土壤薄片描述手册》（*Handbook for Soil Thin Section Description*）。Stoops 等（2003）又进一步编制了简明扼要、通俗易懂的《土壤与岩石风化层薄片的分析与描述》（*Guidelines for Analysis and Description of Soil and Regolith Thin Sections*），建立了适应于计算机检索的微形态特征影像与描述软件。

土壤微形态特征描述包括土壤样品采集位置、土壤薄片方向的描述，镜下观察的土壤物质种类、大小、边界特征、光性特征、检出频度、颜色、分布类型等的鉴定描述和土壤垒结类型的描述。在土壤基本成分、土壤粗粒质、土壤细粒质、土壤垒结、土壤形成物和土壤微结构等土壤微形态概念中，土壤垒结是土壤微形态学的核心概念。土壤垒结不仅描述了土壤粗细颗粒的相关分布型式（*c/f*）及其与空隙的相关关系，而且赋予土壤结构功能与成因的意义。土壤基本垒结是土壤粗粒质（骨骼颗粒）和细粒质在土壤中的相关分布型式与组配状况，在放大 4~100 倍的偏光显微镜下，每个垒结具有同一均质特征和清晰的边界。主要根据粗和细粒质的大小、形状和排布方式等特征划分垒结类型。

Kubiëna 系统对土壤垒结的分类和基本特征描述见表 2.5。Brewer 系统对土壤组配单位和组配水平的分类和特征描述见表 2.6。Parfenova 系统的土壤微形态要素分析描述见表 2.7。ISSS 推荐系统土壤微形态要素分析描述见表 2.8。

表 2.5 Kubiëna 系统对土壤垒结的分类和基本特征描述（Kubiëna, 1938；何毓蓉和贺秀斌，2007）

类型	分类	特征
基本垒结	松粒斑晶胶凝状垒结	无胶膜覆被的矿质颗粒嵌埋在松结状的基质中
	紧粒斑晶胶凝状垒结	无胶膜覆被的矿质颗粒嵌埋在紧实状的基质中
	交织状垒结	由支架状基质联结无覆被矿质颗粒，基质多微孔
	鞘膜状垒结	矿质颗粒有胶膜覆被，基质累积于孔隙边缘
	卷曲胶膜状垒结	覆被较厚的胶膜矿质颗粒埋于有孔洞的基质中
	凝聚状垒结	无覆被的矿质颗粒彼此分离，基质呈凝聚状
	漂白沙型垒结	颗粒原有胶膜覆被漂洗殆尽，少量基质残存于裂隙中
	石灰土型垒结	碳酸钙颗粒无胶膜覆被，嵌埋在疏松的基质中
	岩浆状垒结	矿质颗粒间以支架物连接，含有半流动态的棕色或红色无机胶质
	胶泥型垒结	土粒间含有大量的碳酸钙微晶体，基质中也分布很多晶质
团聚体垒结	团聚体垒结	自然形成的土粒集合体，具有团粒结构体
	海绵状垒结	团聚复合体，其结构体间分布着彼此联通的孔隙，在各向都发育，形成网状
裂块垒结	裂块垒结	人为机械或干燥收缩作用产生裂隙及土块
	复合壁状垒结	密实壁状，其间有少量无方向性的裂隙分布
紧密状垒结	脉络状垒结	在紧实的基质中，有脉络状分布的微裂隙
	间层状垒结	黏质的整片基质中，有平行或近平行的裂隙相间
	薄片状垒结	黏性基质呈薄片状紧密地聚积

表 2.6　Brewer 系统对土壤组配单位和组配水平的分类和特征描述（Brewer,1964）

类型	分类	特征
组配单位	土壤基体	由土壤骨骼颗粒（＞2μm）、细粒物质（＜2μm）组成
	土壤结构体	由一群单个土壤颗粒组成的聚合体，并被空隙或胶膜分隔。可分为：一级结构体、二级结构体、三级结构体等
	土壤形成物	在成土过程中形成的新生物质或继承于母质风化和搬运堆积过程的新生物质，可以与土壤的其他物质组分相区分。根据成因可分为正源性形成物和继承性形成物。根据物质成分、形态特征等分类主要有胶膜（淀积、应力、扩散），准胶膜，土壤管状填充物，硬结物，结晶物等
	土壤孔隙	按形状、形态、孔隙壁的光滑度进行分类，主要有堆积性孔隙、孔洞、气泡状孔隙、管道状孔隙、囊状孔隙
组配水平	土壤组配型式	1. 基本分布型式：根据垒结单位的分布形态可分为聚集状、簇状、带状、层状、放射状等 2. 基本定向型式：连续状定向、条纹状定向、斑点状定向 3. 相对分布型式和定向型式：根据土表的方向确定，可分为不对称、垂直、平行、偏斜、胶膜性等 4. 相关分布型式和相关定向型式包括以下几种。 （1）单颗粒状：包括正单颗粒状（疏松填集的矿质颗粒）、植物残体单颗粒状、腐殖质单颗粒状、腐殖质土单颗粒状、准单颗粒状（颗粒互相联结）、碎屑状和准碎屑状； （2）交织状：较细物质包膜于粗颗粒上与骨骼颗粒交连成网状； （3）斑晶嵌埋状：粗颗粒嵌埋于致密细颗粒或基质中； （4）细粒物质集块状：细粒物质松散或部分填集于骨骼颗粒间的空隙中
	土壤垒结	1. 相关分布型式。 （1）裸露骨架：漂白砂型垒结、交织状和聚积状垒结、岩浆状垒结； （2）包被骨架：包被状垒结、交织-包被状垒结； （3）嵌埋骨架：斑晶骨架状垒结，包括斑晶胶凝状和斑晶胶溶状； （4）粗基质骨架 2. 光性方位黏土式：无分离物细土物质垒结（黏质、粉砂质），分离物细土物质垒结（岛状、镶嵌状、填充状、覆膜状、晶格状），波动消光细土物质垒结，均质细土垒结，晶质细土垒结，复合细土垒结

表 2.7　Parfenova 系统的土壤微形态要素分析描述（Parfenova and Yarilova, 1977）

类型	分类	特征
骨骼颗粒	矿质颗粒	粒径＞2μm 的矿物颗粒，如石英、长石、云母、角闪石、辉石等
	有机质残体	粒径＞2μm 的有机残遗体、半分解的有机残遗体
	硅质生物岩屑	粒径＞2μm 的硅质化的生物岩颗粒
细粒物质	黏粒质的	粒径＜2μm 的矿物和黏土矿物组成，或有一定的光性定向型式
	腐殖质 - 黏粒质	粒径＜2μm 的黏粒基质中有暗灰或棕色腐殖质物质成分
	碳酸盐 - 黏粒质	粒径＜2μm 的黏粒基质中有白灰色、淡棕色碳酸盐成分
	铁质 - 黏粒质	粒径＜2μm 的黏粒基质中有黄色、橙色、红色，有时为棕色铁质成分
空隙	孔隙	圆形或椭圆形，管道状和不规则状
	裂隙	直、弯曲
基本垒结	沙质基本垒结	粒径＞100mm 的沙粒互相接触，呈散布状，混有少量粉沙、砾石，基本不含细粒质
	细粒 - 沙质基本垒结	粒径＞100mm 的沙粒呈松散分布状，沙粒被细粒质或有机胶质凝聚
	沙 - 粉沙质基本垒结	粒径＞100mm 的沙粒杂乱分布于致密的有少量细粒质的粉沙质中
	沙 - 细粒质基本垒结	粒径＞100mm 的沙粒以不同数量分布于粒径＜2μm 的细粒质中
	细粒 - 粉沙质基本垒结	粉沙质（粒径为 0.05～0.005mm）稠密地分布于细粒物质
	粉沙 - 细粒质基本垒结	粉沙质（粒径为 0.05～0.005mm）稀疏地分布于细粒物质
	细粒质基本垒结	无骨骼颗粒，细粒物质多呈致密状
结构体	团聚体	由土粒互相凝聚或黏结成的结构体，分为粒径 0.25mm 的一般团聚体和粒径＜0.25mm 的微团聚体；可按形状分为规则或不规则、简单态或组合态；按物质组成分为有机、有机 - 矿质和矿质
	土块	无结构的紧实土壤物质碎块，按形状分为棱柱、板状等；按物质组成分为有机、有机 - 矿质和矿质

类型	分类	特征
有机物质	植物残体	新鲜、弱分解、强分解、碳化的植物残体
	腐殖质	絮凝状的或分散的，棕色至黑色的胶状无定形物质，轮廓模糊，或呈胶膜状、凝团状
	动物残体	土壤中死亡的动物遗体，或已经半分解
矿质新生体	钙质	石膏
		方解石（包括隐粒质、微粒质、细粒质、中-粗粒质和针状）
	铁锰质	铁锰胶膜，絮状物，斑块，浓聚体，扩散环状物，环状物，皱纹状，花纹状等
	黏粒质	黏粒胶膜，贝壳-层状泉华，流状泉华，浓聚物等
	生物岩	蛋白石，植物细胞壁的结壳，植物岩，微生物骨骼等
		结晶形成物：草酸钙、碳酸钙、氧化物、硫酸盐、磷酸盐
		继承性生物岩

表 2.8　ISSS 推荐系统土壤微形态要素分析描述（Stoops,2003）

类型	分类	特征
无机成分	矿物和岩石	原生矿物单粒，如石英、斜长石、白云母、黑云母、普通角闪石、辉石类、橄榄石、方解石、绿帘石、电气石等
		岩屑或矿物共生体
		生物性无机残渣质：植物蛋白岩、硅藻类岩、放射虫岩、碳酸钙化岩、化石、硬骨等
	人工物	瓦砾、陶器碎片、炭屑等
	细物质	土色、透明度、双折射等
有机组成分	器官残体	未发生分解的植物根、茎、叶、花、种子等的残体
	组织残渣	没有原有的植物残体轮廓，仅一种类型的组织，如软组织、木质素组织、含有单宁（鞣酸）的组织、菌丝组织
	细胞质	细胞和细胞残渣，非晶质的有机细胞物质，单相有机物质，点状物（粒径＜1μm 的暗色腐殖质颗粒）
	有机色素	有色或染色有机物质，显灰色、褐色等

续表

类型	分类	特征
粗粒质	粉沙(粒径为2～50μm) 极细沙(粒径<100μm) 细沙(粒径<200μm) 中沙(粒径<500μm) 粗沙(粒径<1000μm) 极粗沙(粒径<2000μm)	颗粒频度，颗粒均匀度，形状（板状、圆桶状、纤维状、菱状、柱状、针状、球状、杆状、块状、蠕虫状），表面特征，颗粒对比度与明晰度
细粒质	按 $c/f_{2\mu m} < 2\mu m$ 按 $c/f_{20\mu m} < 20\mu m$	按形态分为针晶状、斑状、丝状、线状、无定形； 按发育程度分为厚度、连续性、大小、频度、排列
土壤特别物质	与土质相关的形成物	黏粒、粉沙等细粒质移动而发生局部淀积的形成物
	蚀减形成物	多为与周围土壤细粒质相比，某些化学成分发生蚀减形成的形成物，如 Fe/Mn、$CaCO_3$ 蚀减
	结晶形成物	独立的结晶形成物，按形态分为悬垂物、填充物等；按结晶性分为方解石结晶性、石膏结晶性、新生黏土矿物性等
	非晶质和假晶形成物	除有机质产生的双折射或无机成分的内含物外，具有在正交偏光下显示等方向光性的形成物，包括纯粹的、假晶状的、浸润性的等。铁、锰氧化物析出物呈斑状、条纹状；有机非晶质常可见原有生物构造特征，颜色较浓
	垒结性形成物	在生物活动、膨润–收缩和人为作用下，土壤物质发生机械变形形成的，具有明显与周围土壤垒结不同的垒结特征的形成物，如弯月形或弓状、通道状、孔隙壁丝状等形成物
	排泄物形成物	动物的排泄物，按形态、大小、表面特征、频率、组成等进行描述
土壤垒结	单一状垒结	只有一种粒级的粗粒质（如单一的小石砾、砂土或黏土）或只由某种无定形物质组成
	桥接状垒结	粗粒质颗粒间被作为黏结物的细粒质连接在一起，如不透明的暗色、细的有机质，架桥般连接
	包膜状垒结	粗粒质完全或部分被较细粒物质包被，如黏土包被较大的砂粒，黏土包被颗粒的集合体
	填集状垒结	由粗粒质颗粒形成骨架，其间的空隙中部分填充了较细粒质颗粒的集合体，无填充的粗颗粒则互相支撑
	斑晶嵌埋状垒结	在致密的细粒质中嵌埋有粗粒质颗粒。在观察的视域中，不存在空隙

续表

类型	分类	特征
微结构体	土块	按形状分为球状、块状、板状、角柱状；按土块的发育程度可分为强度发育、中度发育和弱度发育
	团粒	按大小分为极小、小、中等和大4种；按表面特征分为粗、一般和平滑3类；按粒间接触分为接触、部分接触和非接触3类；按分布分为散乱、集合状和带状3种
孔隙	堆积状、囊状、孔洞状、气泡状、孔道状	按孔隙直径分极细（＜2μm）、细（2～20μm）、中（20～50μm）、大（＞50μm）；按孔隙方向分为无定向、垂直定向、平行定向、斜交定向、水平定向等
微结构类型	单粒状	由大的砂粒组成，粒间无细粒质，颗粒间部分接触
	桥接粒状	由大的砂粒组成，粒间由黏土状物连接
	包被状	由大的砂粒组成，粒外有细物质包被
	粒间微团状	由大的砂粒组成，粒间有细粒质形成的团粒
	粒间气泡状	由大的砂粒组成，在空隙中有较多的气泡孔隙
	粒间孔道状	由大的砂粒组成，在空隙中有较多的孔道
	紧实粒状	由大的砂粒组成，其颗粒间紧密接触，无空隙
	孔洞状	不规则的孔洞状孔隙彼此分离
	海绵状	无完全分离的微团粒，孔隙多，且分割固相物质联系
	孔道状	没有团粒，孔隙主要为孔道
	室状	没有团粒，孔隙主要为室状孔隙
	气泡状	没有团粒，孔隙主要为气泡状、囊状孔隙
	软粒状	颗粒有一定球形，互相不接触
	小粒状	小土粒被不规则空隙分开，互不连接，粒内没有更小的结构单位
	亚棱块状	结构体的面部分或全部被短的面状孔隙分开
	棱块状	土块具有棱角，少孔隙，土块互相接触
	板状	以细长的面状孔隙分离，呈多层集合体重叠状
	棱柱状	土壤物质由垂直的面状孔隙分割出棱柱状，棱柱面互相接合
	龟裂状、开裂状	无结构体，有较多互相连接的面状孔隙，较致密
	壁状	没有土块结构体，孔隙极少
	复合状	由两种以上的结构类型组成的复合结构

典型土壤微形态结构镜下影像特征如图 2.21 所示。

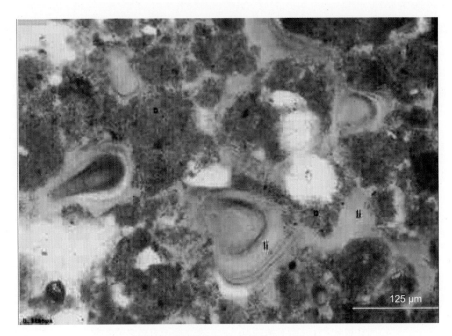

填充状和覆膜状光性方位黏土（PPL）

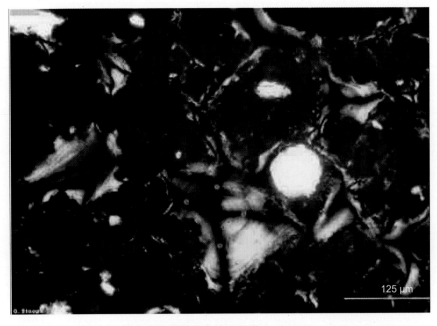

填充状和覆膜状光性方位黏土（XPL）

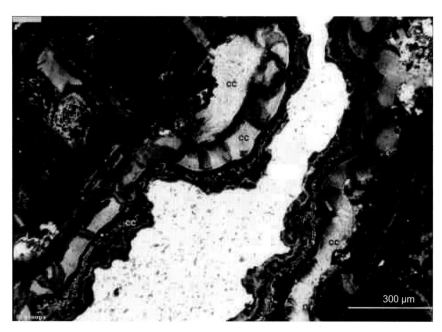

沿安山岩裂隙风化淀积叠加覆膜的透明光性方位黏土（PPL）

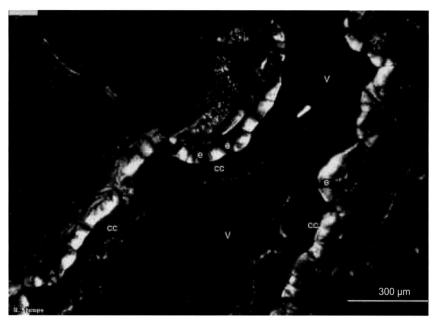

沿安山岩裂隙风化淀积叠加覆膜的透明光性方位黏土（XPL）

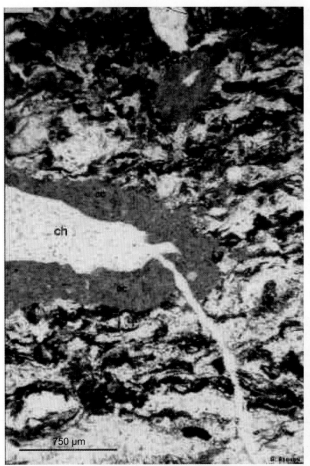 

沿孔隙分布的斑点状粗粒黏土聚集层膜（PPL）　　　　沿孔隙分布的斑点状粗粒黏土聚集层膜（XPL）

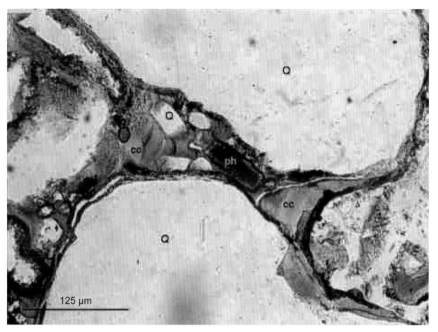

石英颗粒间淀积桥状光性方位黏土（PPL)

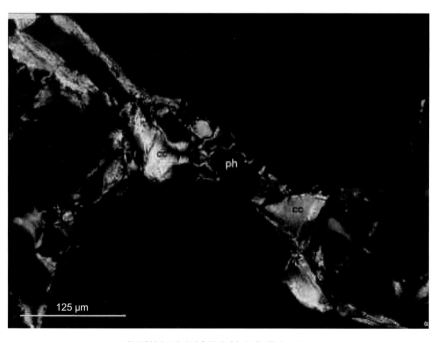

石英颗粒间淀积桥状光性方位黏土（XPL)

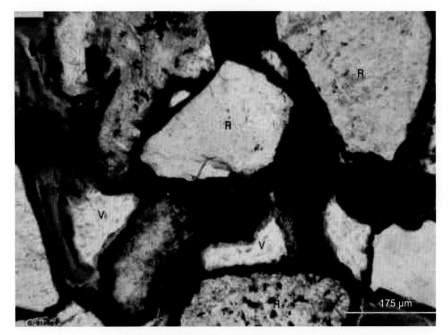

岩屑周边风化蚀变铁锰覆膜（PPL）

岩屑周边风化蚀变铁锰覆膜（XPL）

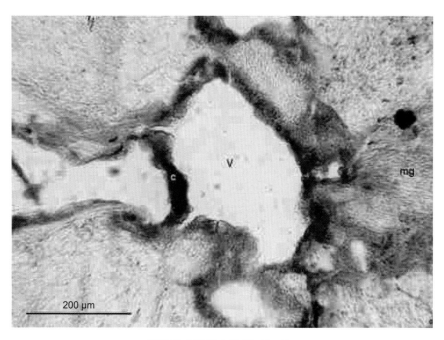

流胶状含铁黏土胶膜（PPL）

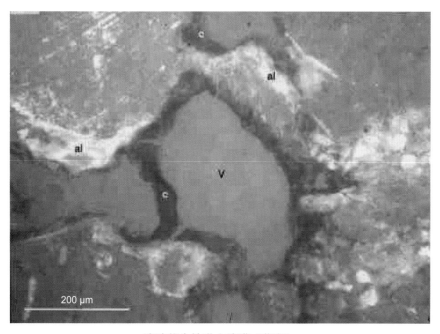

流胶状含铁黏土胶膜（荧光）

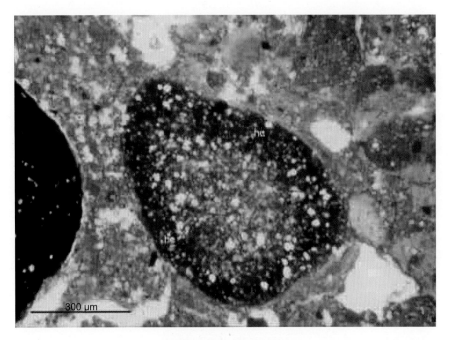

浸染状准黏粒胶膜（PPL）

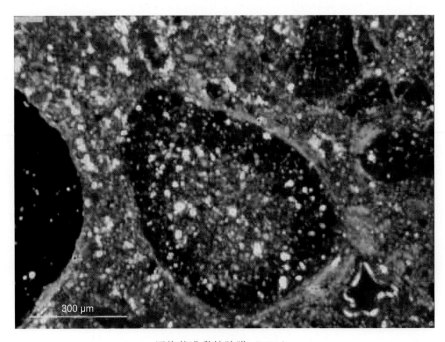

浸染状准黏粒胶膜（XPL）

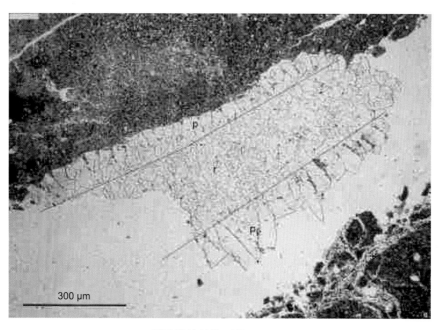

裂隙壁结晶的石膏（PPL）

裂隙壁结晶的石膏（XPL）

弱层状黏粒聚集（PPL）

弱层状黏粒聚集（XPL）

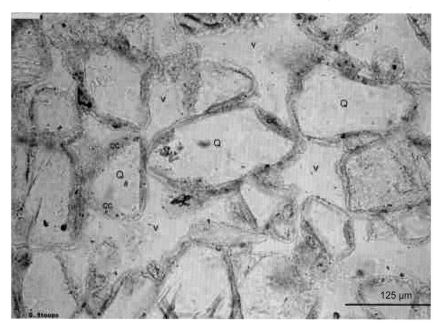

石英颗粒表面淀积的黏粒准胶膜（PPL）

石英颗粒表面淀积的黏粒准胶膜（XPL）

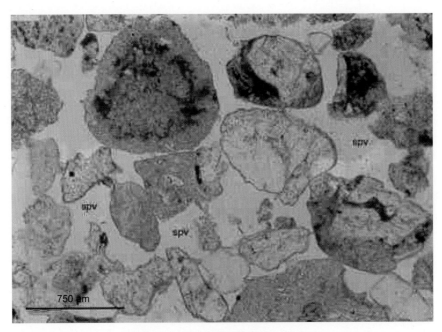

弱分选岩屑与矿物颗粒垒结（PPL）

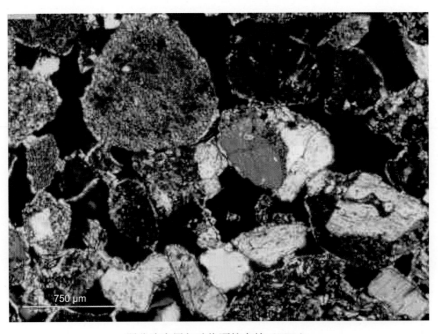

弱分选岩屑与矿物颗粒垒结（XPL）

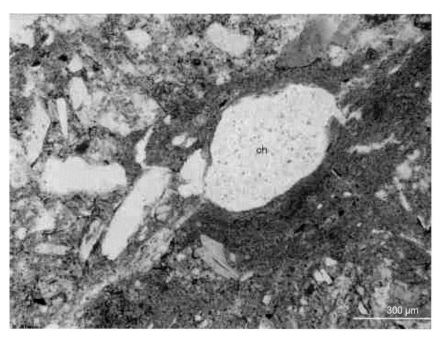

粗黏粒或粉粒聚集准胶膜（PPL）

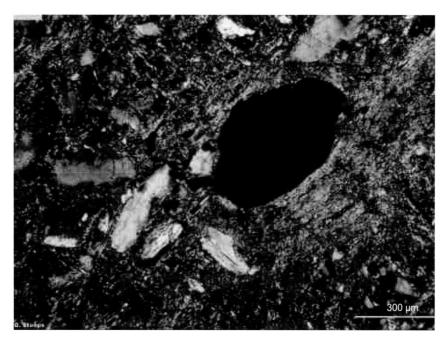

粗黏粒或粉粒聚集准胶膜（XPL）

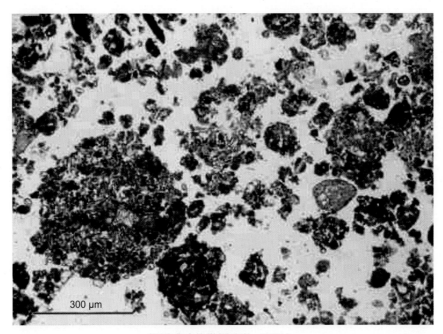

细屑或球状微团聚体（PPL）

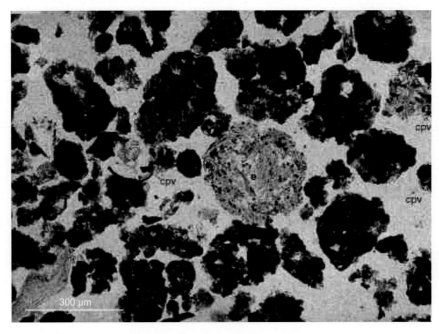

细屑或球状铁锰化微团聚体（PPL）

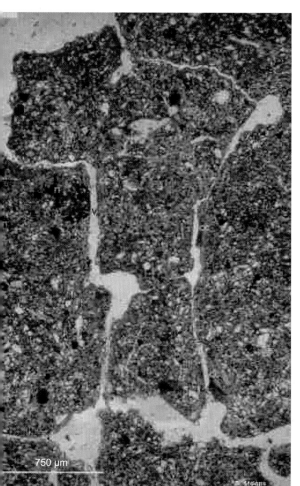

棱柱状裂隙壁淀积黏粒准胶膜（PPL）

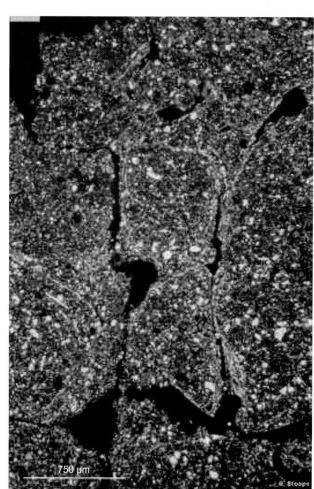

棱柱状裂隙壁淀积黏粒准胶膜（XPL）

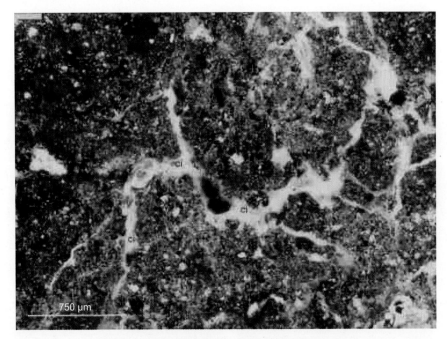

棱角状裂隙填充发育较好的透明黏粒胶膜（PPL）

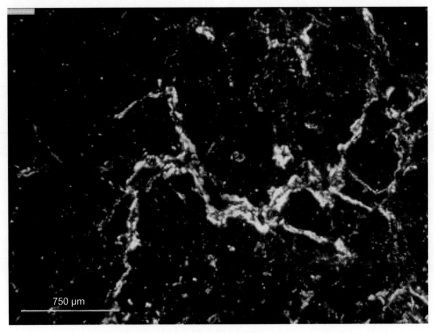

棱角状裂隙填充发育较好的透明黏粒胶膜（XPL）

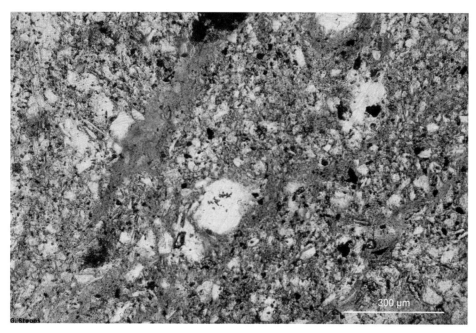

聚集状黏粒胶膜（PPL）

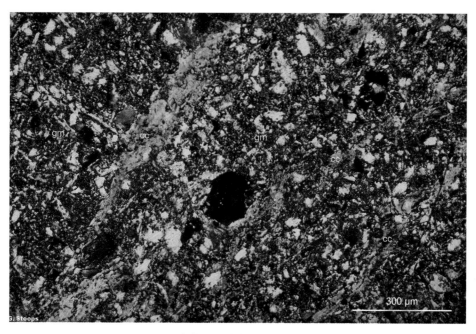

聚集状黏粒胶膜（XPL）

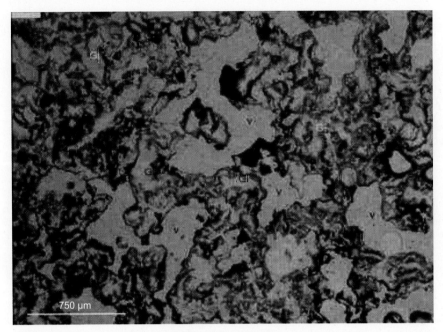

海绵状垒结（PPL）

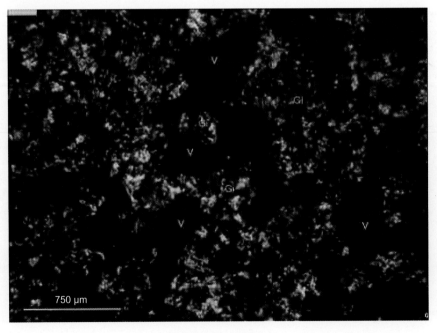

海绵状垒结（XPL）

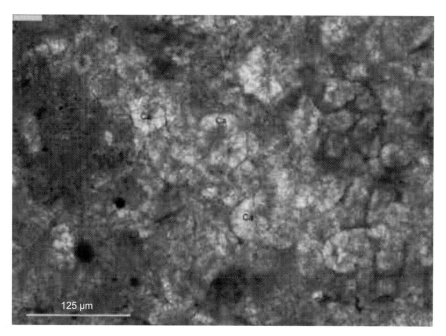

纤维化方解石（PPL)

纤维化方解石（XPL)

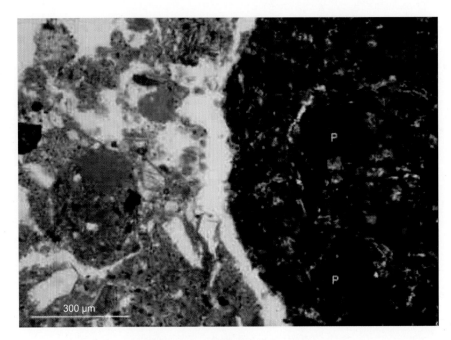

碳酸岩（左）与陶瓷片（右）（PPL）

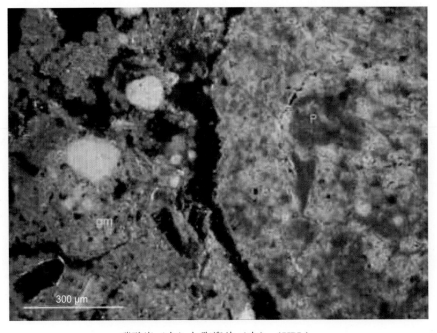

碳酸岩（左）与陶瓷片（右）（XPL）

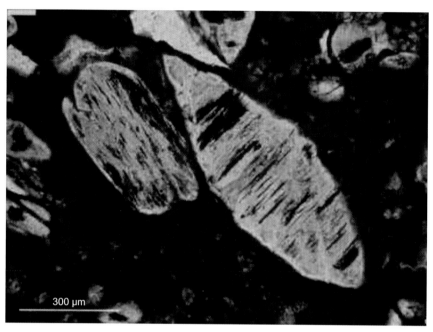

蚀变石膏（PPL）

蚀变石膏（XPL）

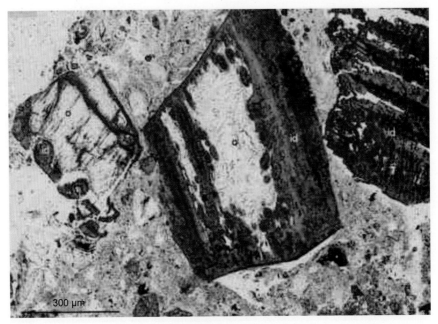

蚀变橄榄石（PPL）

蚀变橄榄石（XPL）

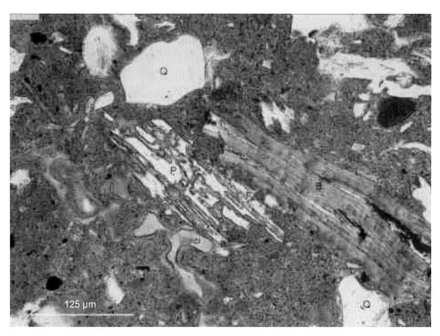

蚀变条纹长石与黑云母（PPL）

蚀变条纹长石与黑云母（XPL）

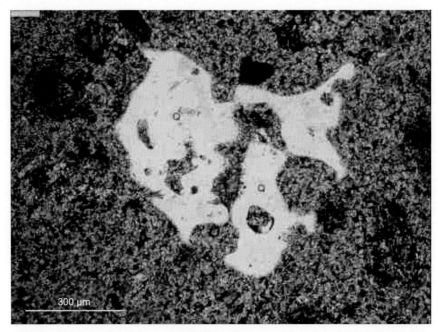

蚀变石英（PPL）

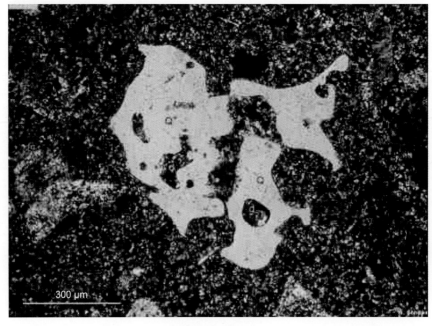

蚀变石英（XPL）

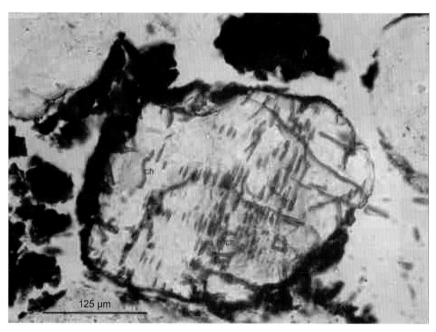

蚀变斜长石（PPL）

蚀变斜长石（XPL）

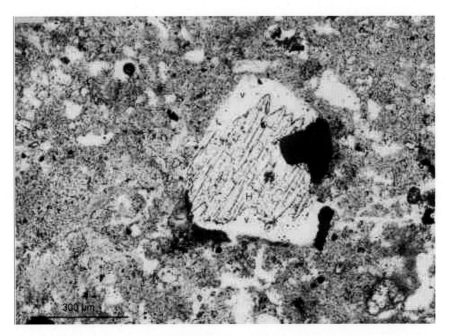

蚀变紫苏辉石（PPL）

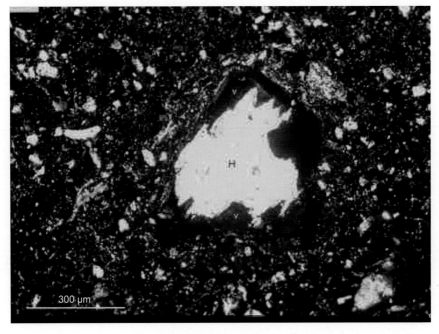

蚀变紫苏辉石（XPL）

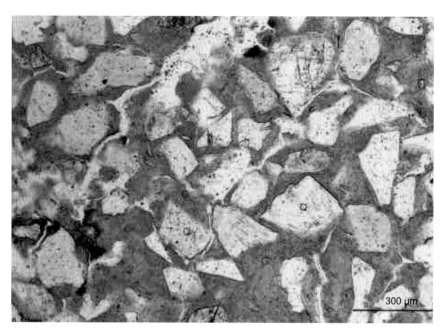

分选较好的棱块状石英与聚集状黏粒胶膜（PPL）

分选较好的棱块状石英与聚集状黏粒胶膜（XPL）

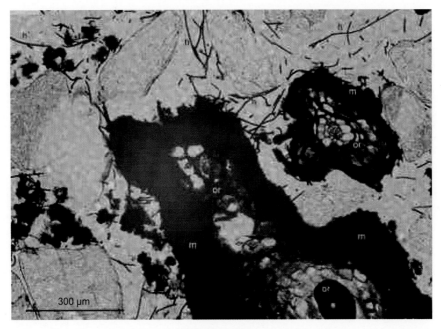

地幔菌根（PPL）

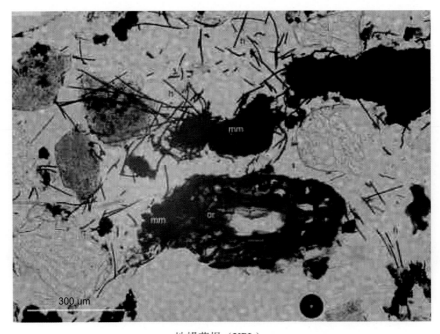

地幔菌根（XPL）

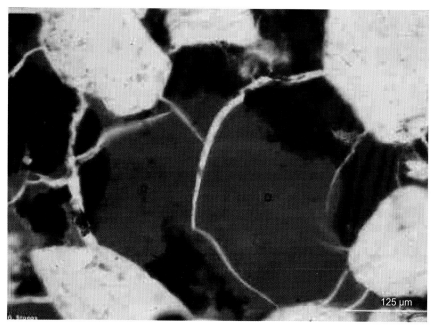

玻璃质沥青（PPL）

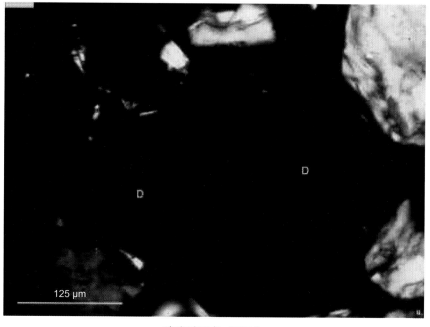

玻璃质沥青（XPL）

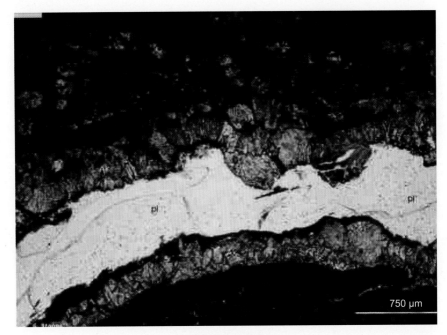

白云石胶膜（PPL）

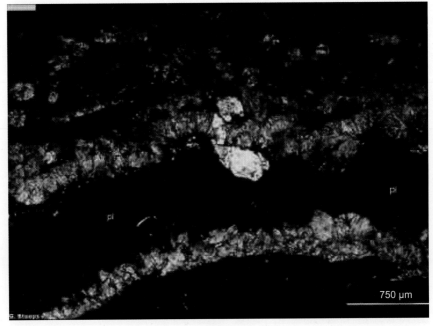

白云石胶膜（XPL）

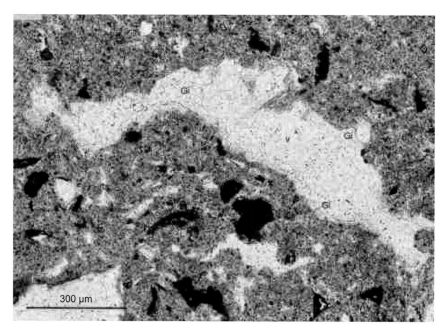

水铝矿结晶胶膜（PPL)

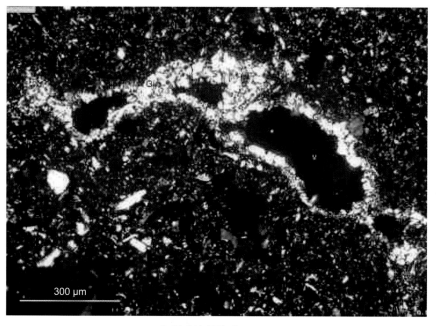

水铝矿结晶胶膜（XPL)

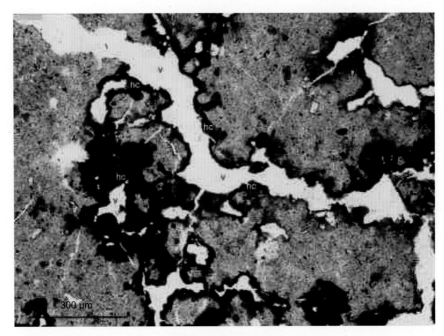

浸染状铁锰氧化物（PPL)

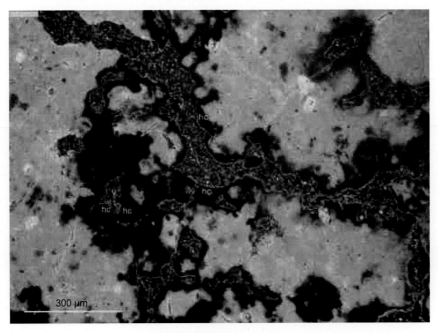

浸染状铁锰氧化物（XPL)

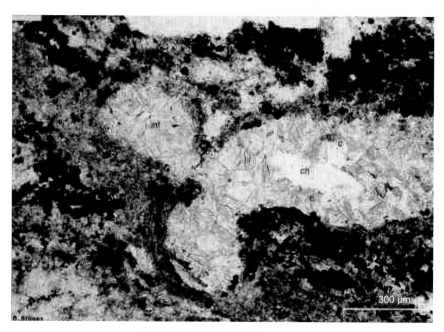

腐质土孔隙发育的水铝矿（PPL）

腐质土孔隙发育的水铝矿（XPL）

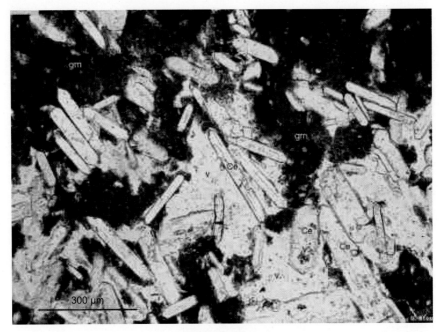

针状方解石（PPL）

针状方解石（XPL）

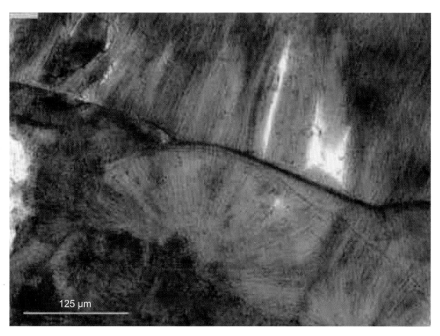

纤维状针铁矿（PPL）

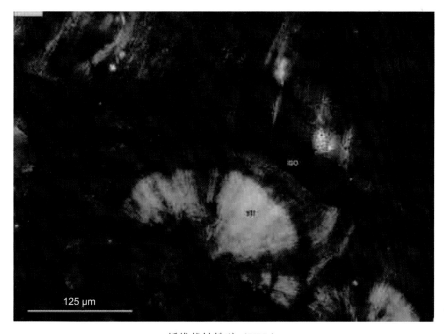

纤维状针铁矿（XPL）

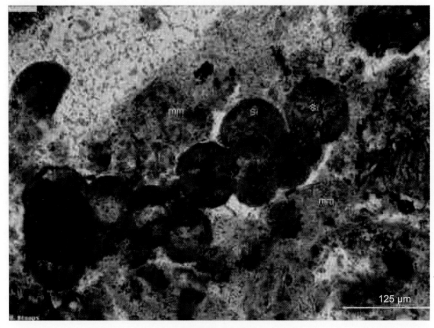

球状菱铁矿（PPL）

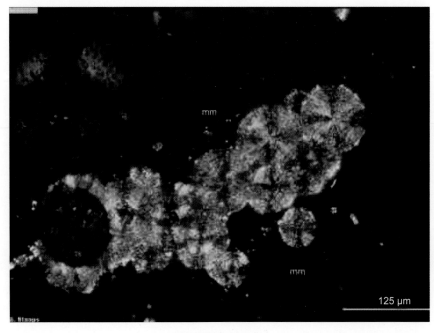

球状菱铁矿（XPL）

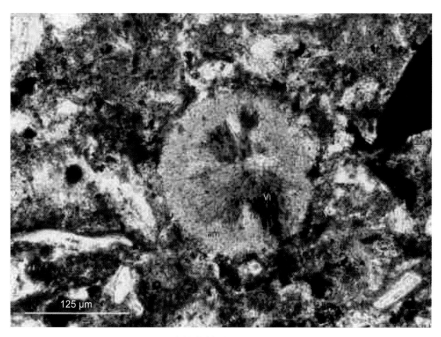

球状蓝铁矿（PPL）

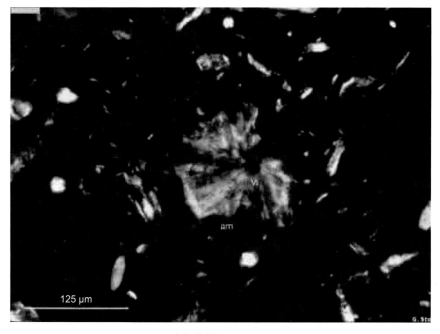

球状蓝铁矿（XPL）

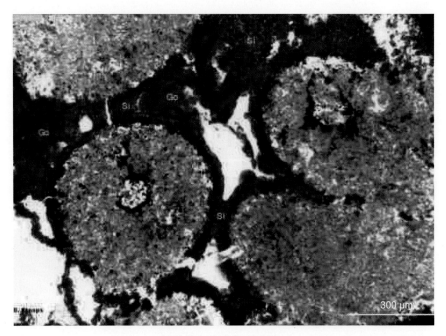

根孔填充蓝铁矿（PPL）

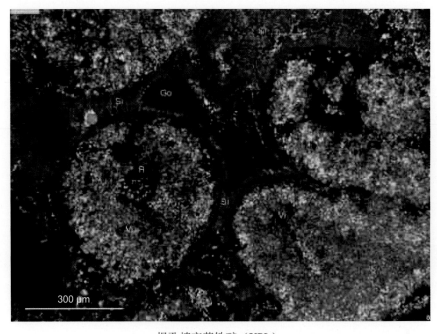

根孔填充蓝铁矿（XPL）

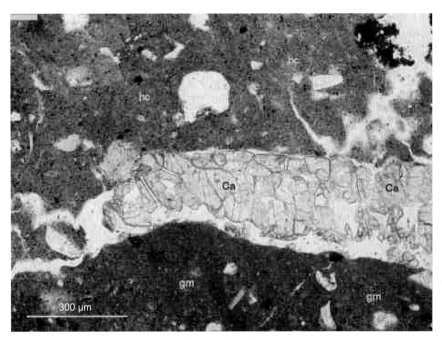

孔隙填充碳酸盐聚集晶体（PPL）

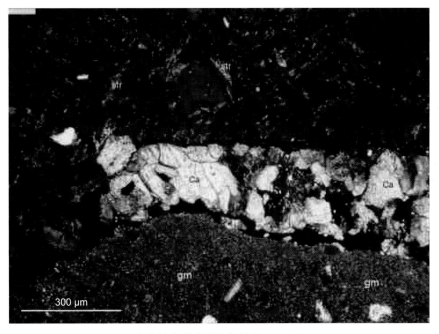

孔隙填充碳酸盐聚集晶体（XPL）

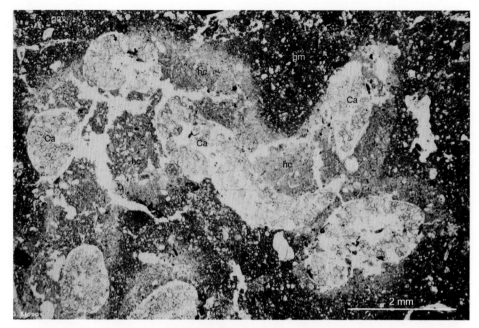

腐质土中填充状碳酸盐（PPL）

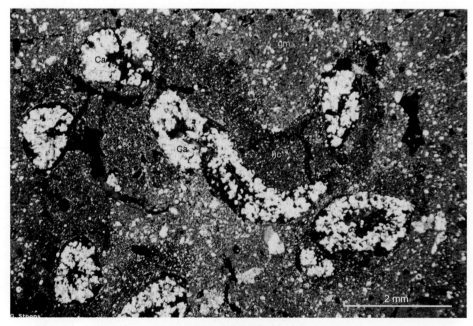

腐质土中填充状碳酸盐（XPL）

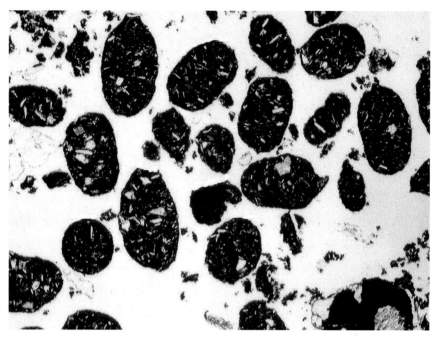

甲壳虫排泄物（PPL）

蚯蚓孔（PPL）

图 2.21　典型土壤微形态结构镜下影像特征（Stoops,2003）

七、图像处理与定量分析

很多的图像处理与定量分析技术都可移植到土壤微形态研究中，能够实现对描述微结构单元（如粗颗粒、孔隙、胶膜、土壤形成物）特征的有关参数（如 c/f 值、大小、长度、宽度、圆度、尖度、填充率等）的快速识别与定量分析。

显微影像的灰度处理如图 2.22 所示。铁锰结核的彩色影像处理与物质组成分如图 2.23 所示。

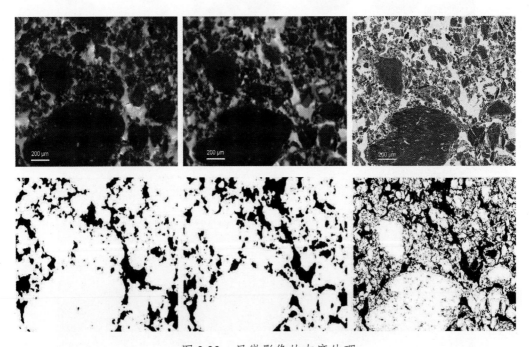

图 2.22　显微影像的灰度处理

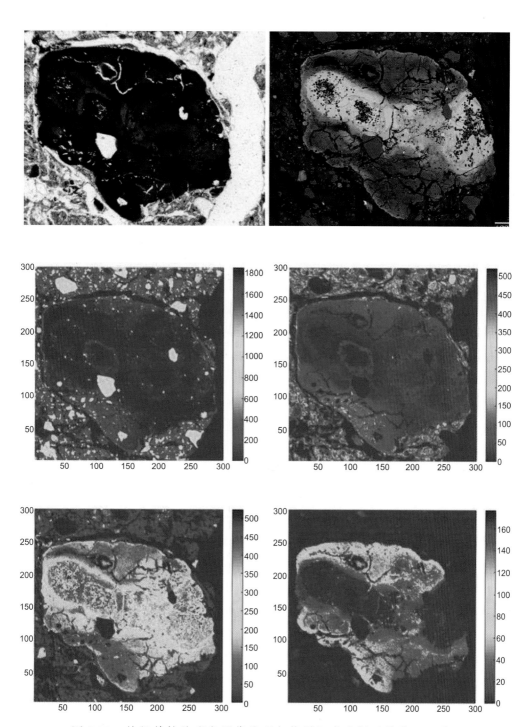

图 2.23 铁锰结核的彩色影像处理与物质组成分析（单位：μm）

土壤微结构与微域化学分析如图 2.24 所示。

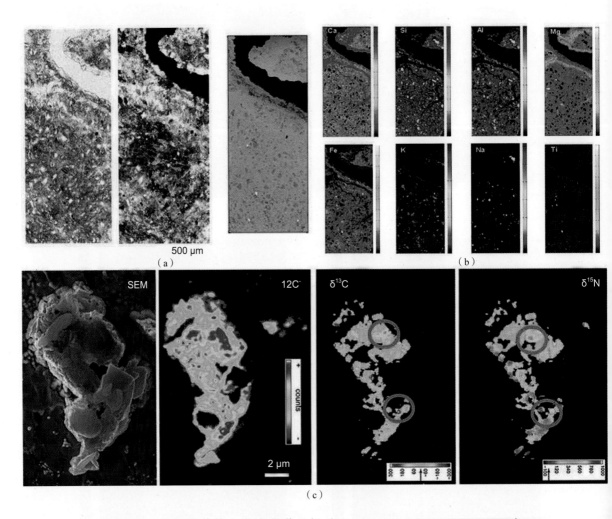

图 2.24 土壤微结构与微域化学分析（Verrecchia and Trombino, 2021）

注：（a）碳酸盐聚集体的偏光、十字光、扫描电镜影像；（b）X- 射线光谱分析仪得到的 Ca、Si、Al、Mg、Fe、K、Na、Ti 等元素含量分布图；（c）纳米二次离子质谱法（secondary ion mass spectrometry，SIMS）获得的 C、N 同位素分布图

第三章
土壤发生成因的
土壤微形态诊断

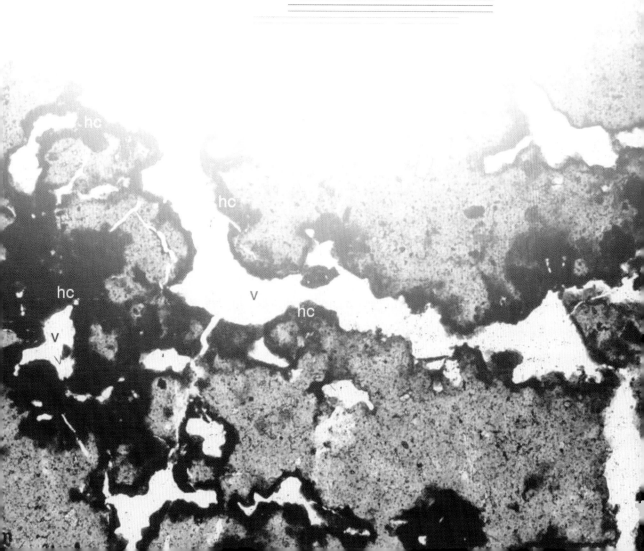

土壤微形态学在土壤发生学领域，特别是了解钙积层、黏化层、灰化作用和次生矿物的形成过程以及多元发生叠加作用过程等方面起着重要的作用，为特殊土壤的发生成因与环境研究提供重要的信息和证据（唐克丽，1981b；FitzPatrick，1984；龚子同等，1989；郭正堂和 N. 菲多罗夫，1990；唐克丽和贺秀斌，2004；Lebedeva et al.，2016）。

土壤主要发生层及其基本特征见表 3.1，土壤主要形成过程及特征见表 3.2。土壤团聚过程显微特征如图 3.1 所示，成壤作用形成的典型土壤微形态特征如图 3.2 所示。

表 3.1 土壤主要发生层及其基本特征（何毓蓉和张丹，2015）

发生层	符号	基本特征	备注
泥炭层	H	长期渍水，有机质大量在表层累积，有机碳量根据黏粒含有情况而定，如黏粒含量为 60% 时，有机碳 ≥ 18%；无黏粒时，则有机碳 ≥ 12%	可为腐泥层
有机质层	O	地表富含分解极差的有机质的土层，通常有机质含量 ≥ 20%	也可埋于地下
腐殖质层	A	地表或接近地表的富含与矿质结合的腐殖质化有机质，有机质多被分解和形成无定形腐殖质，可为胶膜或颗粒，浸染矿质土体使土色发暗，呈黑色或灰色调	有的土壤具明显腐殖质特征，仍可归 A 层
淋溶层	E	黏粒、铁、铝及其他的土壤物质被水分淋失，富含风化稳定性强的矿物颗粒积聚土壤矿质层。土色浅淡，亮度高，彩度低，质地粗	与上下土层在土色、质地和结构等特性上明显有别
淀积层	B	由硅酸盐黏粒、铁、锰、铝和钙等化合物及有机质（腐殖质）等游离积聚；化学淋溶积聚，形成特殊结构，如角块状或棱柱状结构等	铁质 B 层（Bs），黏化 B 层（Bt）等
母质层	C	非固结性岩土物质，常具有经过各种风化过程的特征，或含钙、石膏或盐分等	可表示为 C-2C-3C 等
母岩层	R	同上，但为未风化的固结性岩石	可以有原岩石的裂隙特征

表 3.2 土壤主要形成过程及特征（何毓蓉和张丹，2015）

类型	基本特征			备注
	环境因素	过程或机制	剖面形态	
原始风化成土	母岩风化形成母质，受地衣苔藓低等植物、藻类和微生物作用	在低等生物作用下，经过岩漆—地衣着生—苔藓生长三个阶段，细土和有机质初步积累	无剖面层次分化	多见于山地丘陵地区
灰化过程	寒温带和寒带气候，湿润水分状况和针叶林植被条件	铁和铝与有机质发生螯合淋溶淀积作用，形成灰白色无结构的灰化层，土壤 pH 为 4～5 时，黏土矿物被破坏。腐殖质品质低，H/F ＜ 0.4	形成灰化层（A_2）和灰化淀积层（B）	主要出现在高山和高寒地区
白浆化过程	湿润和半湿润气候，硅铝风化壳母质条件	季节性和融冻水分作用使黏粒和铁锰等发生潴育淋溶过程，形成无结构的灰白色、暗褐色胶膜和核状结构的淀积层，但黏土矿物未受破坏	形成漂白层（A_2）和淀积层（B）	多见于东北或具有漂洗条件地区
腐殖质化过程	在适宜的环境下发生不同程度的腐殖质形成和积累	有机质经过微生物分解后形成腐殖质	土色由淡灰色变为暗黑色	在寒漠和沙漠以外地区广泛存在
黏化过程	矿物受化学风化作用影响，或在含一定量黏粒的母质下多发生	母质所含矿物经过化学风化形成粒径＜ 2 μm 黏粒或本身所含一定量的黏粒在土层中积累，分为残积、淀积、残积－淀积黏化	形成黏化层	湿润地区和泥质沉积岩母质区
盐渍化过程	多发生于干旱、半干旱地区和母质或地下水含盐分多的地区	季节性地表积盐与脱盐化过程，分为盐积和碱积，有海水盐积、地下水盐积和地表水－地下水盐积过程	盐 / 碱积层厚度＞15cm，pH ＞ 9	北方、沿海地区和含盐母质区
钙积过程	干旱、半干旱半湿润气候和母质矿物含较多量钙质成分的环境	含钙矿物风化释放出钙，主要为 $Ca(HCO_3)_2$，随水移动，在土体下层以 $CaCO_3$ 形态淀积和积累	形成钙积层，厚度＞ 15 cm	含碳酸盐母质和半干旱地区常见
富铝化过程	热带、亚热带湿润气候环境，生物生长旺盛，发生强烈的化学和生物风化作用	碱金属、碱土金属元素以及硅被水解、迁移或流失，铝元素相对富积，全土层被黄棕－红色氧化铁等浸染，土壤中形成次生石英、高岭石和三水铝石等黏土矿物	形成铁铝层，厚度≥30 cm，或形成铁盘层	热带、亚热带湿润气候区

续表

类型	基本特征			备注
	环境因素	过程或机制	剖面形态	
潜育过程	长期渍水，富有机质环境。土体中处于还原状态	土体中的有机质发生嫌气分解，铁和锰等变价元素为还原形态，形成灰蓝色-灰绿色（低价态 Fe^{2+} 和 Mn^{2+} 化合物颜色）土色	$Eh < 250$ mV，Fe^{2+} 物质含量为 $10 \sim 180$ g/kg	出现在地下水位高或沼泽等地区
人为土形成过程	受水耕和旱耕人为作用，人为土壤退化	人为过程主要作用方式为改换成土物质或施肥、改造地表形态、改变土体水热状态、改良生物群落和强度、调节成土时间等	有肥熟土层、犁底层、耕作淀积层、侵蚀层或堆积层等	人类活动地区

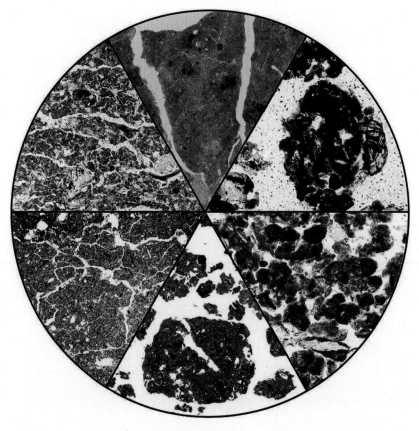

图 3.1　土壤团聚过程显微特征 (PPL)（Verrecchia and Trombino, 2021）

注：图中顶部为棱柱状，沿逆时针方向至发育较好的微团聚体

（a）从左至右依次为物质迁移与聚集（XPL），水解与水化作用（PPL），石膏结晶（XPL），黏土矿物（XPL），灰化作用（PPL）

（b）从左至右依次为复核结核（XPL），准包膜（PPL），黏化作用（PPL），重结晶针状方解石（XPL），粪粒（PPL）

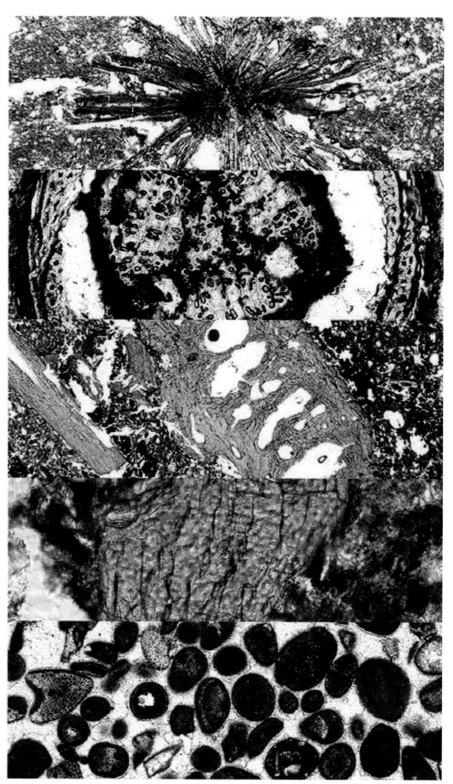

（c）生物过程

图 3.2　成壤作用形成的典型土壤微形态特征（Verrecchia and Trombino, 2021）

一、黄土剖面中土壤淋溶淀积过程

黄土高原第四纪时期气候环境经历了若干次干冷与暖湿的气候旋回，形成了巨厚的黄土－古土壤系列，同时也记录了黄土沉积过程、生物成壤过程和土壤侵蚀过程（刘东生等，1985）。黄土剖面是在第四纪生物－气候环境演变过程中，通过黄土沉积、成壤强弱交替演化，形成发育的由不同土壤类型组成的特殊多元古土壤剖面体系（唐克丽，贺秀斌，2002）。加积型黄土性古土壤和土壤化的黄土剖面不仅具有现代多元发生剖面的特点，而且受沉积速率和土壤发育时间的限制，其发生特征更为复杂。黄土层中有一定的植物孢粉组合，碳酸盐有一定淋溶但不强烈，云母、长石等矿物发生一定程度的风化，但铁、铝无明显的移动和积聚，表明黄土层是干旱环境下的沉积物，但也经历了干旱、半干旱环境下的成壤过程，呈现强弱不等的淋溶和迁移特征。黄土剖面中出现的红色条带，即古土壤层中出现一定的乔木花粉组合，表明古土壤层是在同一地层的空间部位，在原干旱、半干旱环境下形成的黄土层基础上延续进行了半湿润、湿润型的土壤发育过程，形成的多元土壤发生剖面（唐克丽，贺秀斌，2004）。

唐克丽（1981b）首次在陕西武功黄土剖面中发现不同形态与强度的光性方位黏粒微形态特征，阐明该地区黄土剖面经历了不同程度的土壤淋溶淀积作用过程，具有古土壤发育特征。鲜红（赤铁矿）至棕黑色的光性方位黏粒在垒结内呈网纹状、条纹状积聚，或沿孔道、裂隙壁呈螺纹状、流胶状、泉华状黏粒胶膜，表明黄土中古土壤发生了类似褐色土、棕壤、灰化土、红壤以及砖红壤等不同程度的淋溶淀积作用（图3.3～图3.12）。光性方位黏粒是铁、铝氧化物在酸性条件下迁移淀积的产物，为森林或木本植被下发育的土壤的重要特征（唐克丽，1981b；安芷生和魏兰英，1980；FitzPatrick，1984），铁、铝氧化物的富集较明显，证明当时具有湿润气候和森林（草原）植被的酸性环境。

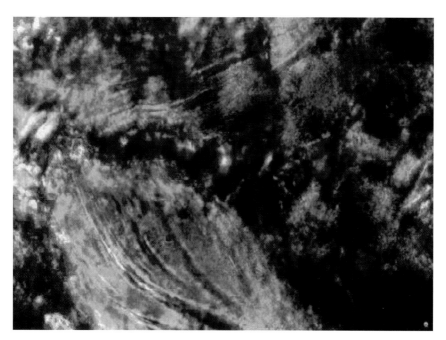

图 3.3 流胶状光性方位黏粒（武功 S_5，XPL）

图 3.4 螺纹状黏粒胶膜（安塞 S_0，XPL）

图 3.5　薄膜状黏粒胶膜（神木 S_0，XPL）

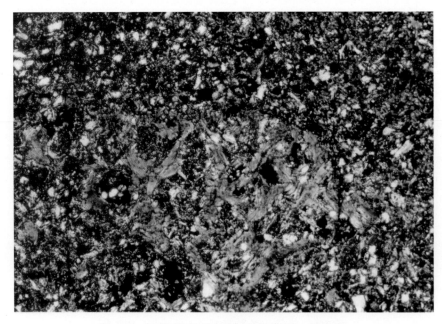

图 3.6　网纹状黏粒胶膜（武功 S_0，XPL）

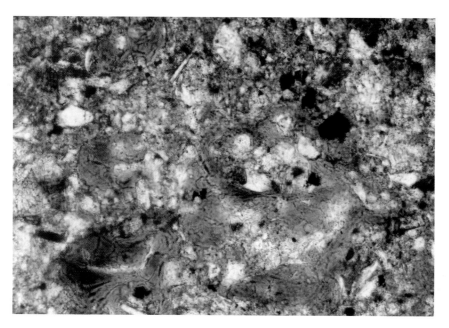

图 3.7　泉华状黏粒胶膜（武功 S_0，XPL）

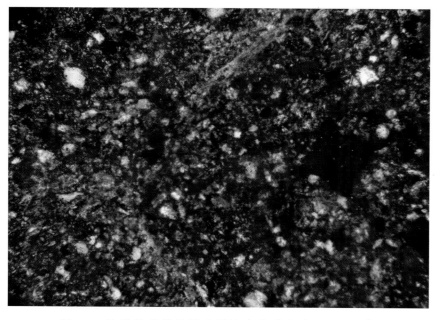

图 3.8　流胶状黏粒胶膜沿裂隙分布（武功 L_0，XPL）

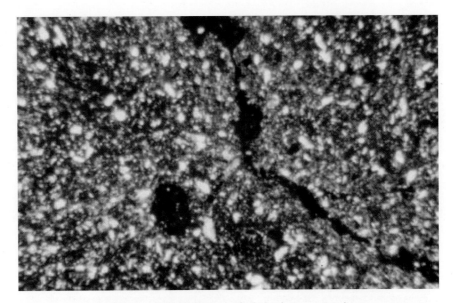

图 3.9　集聚状黏粒胶膜（洛川 S_1，XPL）

图 3.10　集聚状黏粒胶膜（洛川 S_0，XPL）

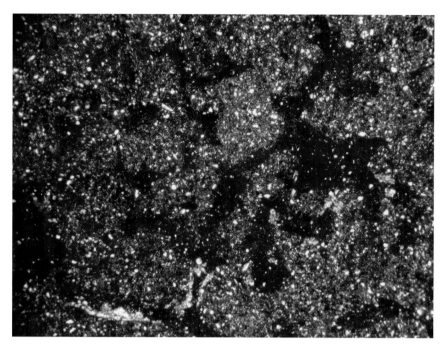

图 3.11　团聚浸染状黏粒胶膜（武功 S_1，XPL）

图 3.12　斑点状准黏粒胶膜（神木 S_0，XPL）

二、黄土的次生碳酸盐形成过程

碳酸盐矿物是干旱、半干旱区土壤的重要物质组成部分，它们非常容易被成壤过程（如溶解、迁移、沉淀和重结晶等）作用而发生重新分布，形成特定的形态特征（Drees and Wilding，2003）。要形成碳酸盐结核，溶液必须达到一定的饱和度，所以碳酸盐的结晶大小和结晶程度可以显示土壤水的行为与饱和状态。快速饱和或过饱和溶液易形成小或微晶，相反长久的饱和可形成结晶程度高、体积大、晶形好的大晶粒方解石。

黄土中的碳酸钙含量虽高，但原生碳酸钙含量较少，主要以次生形式存在（唐克丽，1981a；赵景波等，2006；贺秀斌，1998b）。在显微镜下，次生碳酸钙由不同形态的方解石组成，呈结核、胶膜、粒状、针状、嵌晶状等（图3.13～图3.26）。

古土壤层的碳酸盐遭强度淋溶，在古土壤层底部呈集聚结核状，形成钙积层。古土壤层受上覆黄土层成壤作用影响，导致古土壤的黏化层中常含有一定的淀积碳酸盐，含量一般为2%～4%；在显微结构中常发现碳酸盐胶膜与黏粒胶膜组成的复合胶膜，或呈斑点状和细脉状分布。而黄土层中碳酸盐淋溶相对较弱，含量为10%～20%，沿裂隙、根孔呈碳酸盐胶膜状、斑晶状与针状分布，或呈浸染状与分散结核状分布。

土壤微结构体内碳酸盐等可溶盐的含量、颗粒的形状大小及其迁移分布的特点，对鉴别其原生型或次生型以及分析现代气候和古气候干湿变化具有重要意义。黄土性沉积物的微结构体内，常见次生型微晶粒方解石，沿孔隙周围常呈眼球状积聚，说明当时气候干旱，淋溶作用弱。而在古土壤层，微结构体内少见或未见微晶粒方解石，常见次生型针状或大晶粒方解石，它们多分布在孔隙、孔道内，或沿裂隙壁积聚，淋溶再积聚、结晶作用过程明显。

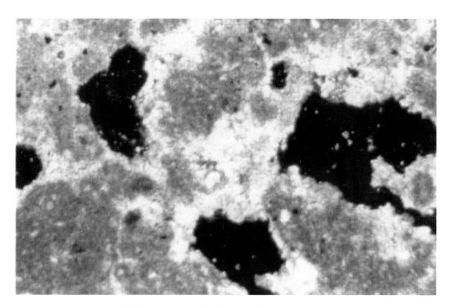

图 3.13　块状碳酸钙（结核）（洛川 S_1，XPL，×10）

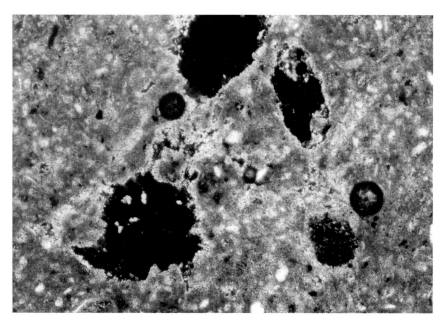

图 3.14　碳酸钙结核（武功 S_1，XPL）

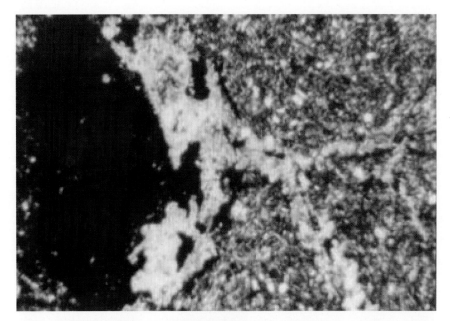

图 3.15　膜状碳酸钙［武功 S_2（HS_{27}），XPL，×10］

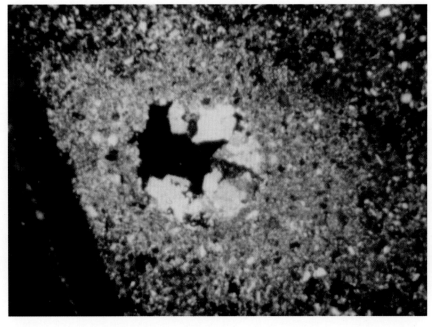

图 3.16　大晶粒与微晶粒复合碳酸钙胶膜［武功 L_0（HL_{03}），XPL，×30］

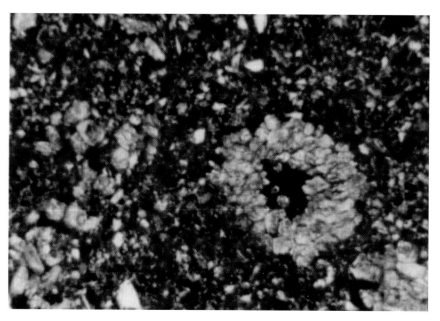

图 3.17 粒状碳酸钙 [洛川 S_0 (LS_{06}), XPL, ×30]

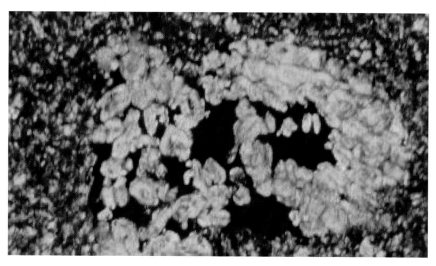

图 3.18 次生型微晶粒方解石 [安塞 (S_0), XPL]

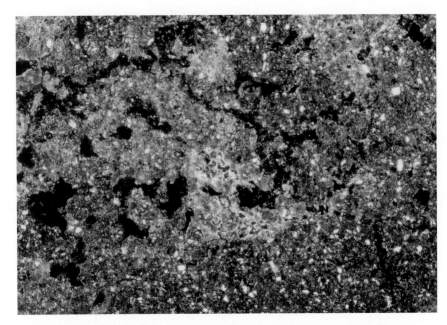

图 3.19　浸染状与微晶粒碳酸钙［洛川（S_0），XPL］

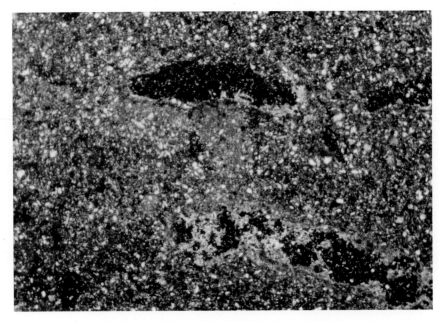

图 3.20　针状碳酸钙［洛川（L_0），XPL］

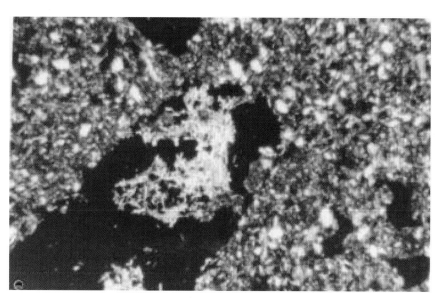

图 3.21　针状碳酸钙 ［武功 S_2（HS_{23}），XPL，×10］

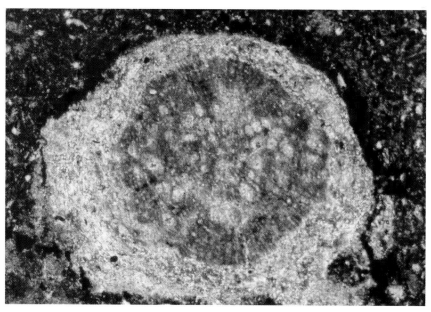

图 3.22　根孔填充状碳酸钙 ［武功 S_2（HS_{23}），XPL，×10］

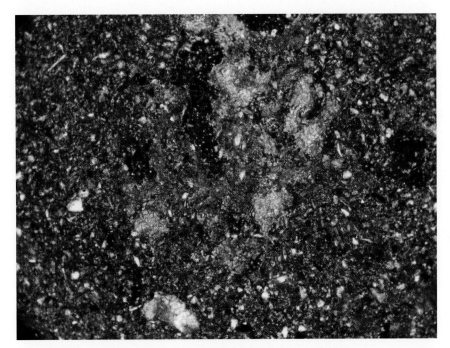

图 3.23　黄土聚集状碳酸盐（洛川 L_0，XPL）

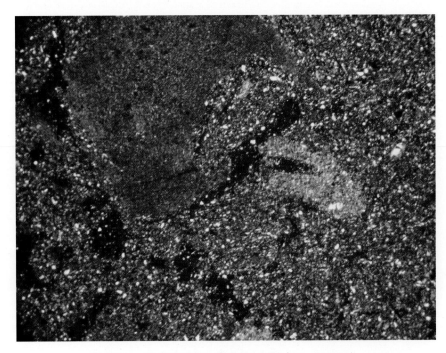

图 3.24　黄土聚集状碳酸盐（武功 L_0，XPL）

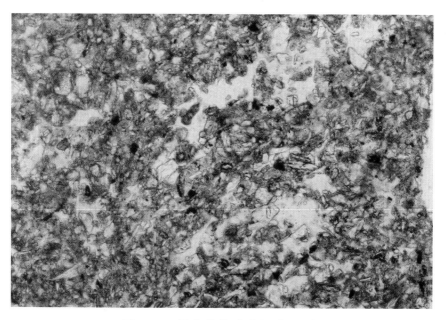

图 3.25　原生粒状碳酸钙（PPL）

图 3.26　原生粒状碳酸钙（XPL）

三 、黄土剖面中生物活动印记

黄土中的自然空隙（如矿物间、结构间和粒间）的孔隙多呈不规则状。虫孔和根孔在黄土高原的黄土剖面中有相当的发育，大小多为 0.2 ～ 2.0mm，有时根孔和虫孔内尚可见有机质或动物活动遗迹（图 3.27 ～图 3.34）。

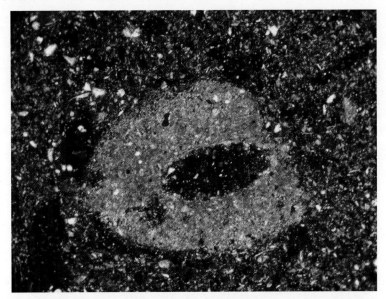

图 3.27　碳酸钙胶膜填充的根孔（洛川 L_0，XPL）

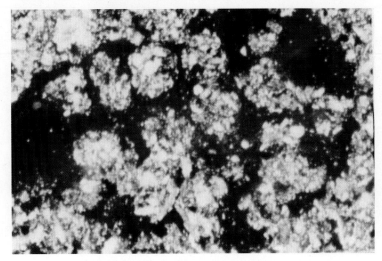

图 3.28　蚯蚓洞穴的微团聚体（武功 S_0，XPL）

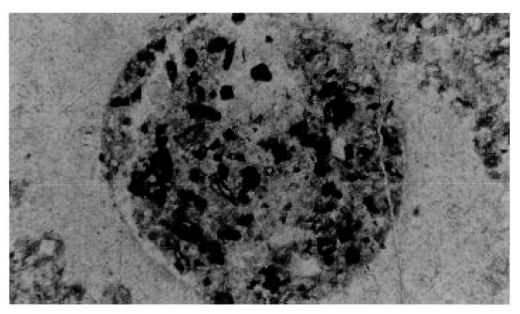

图 3.29　蚯蚓粪（武功 S_0，PPL）

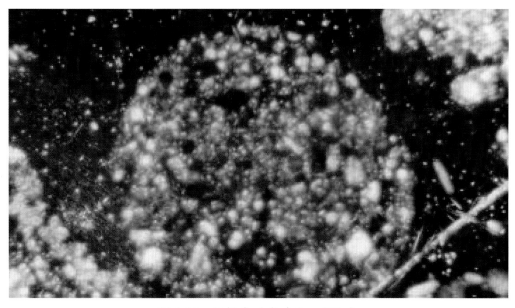

图 3.30　蚯蚓粪（武功 S_0，XPL）

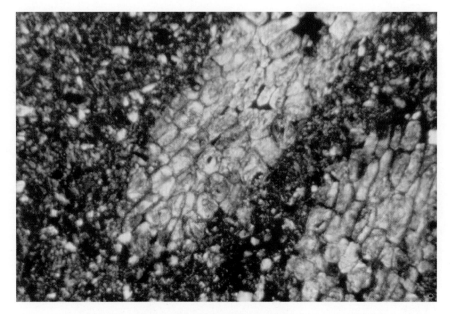

图 3.31　碳酸钙晶粒填充的根孔（洛川 L_0，XPL）

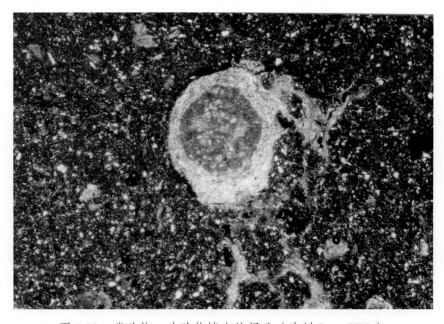

图 3.32　碳酸盐、硅酸盐填充的根孔（洛川 L_0，XPL）

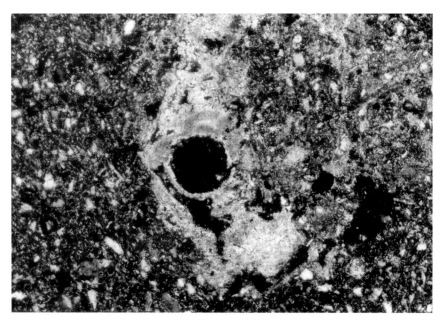

图 3.33　填充碳酸盐的根孔、裂隙（武功 S_0，XPL）

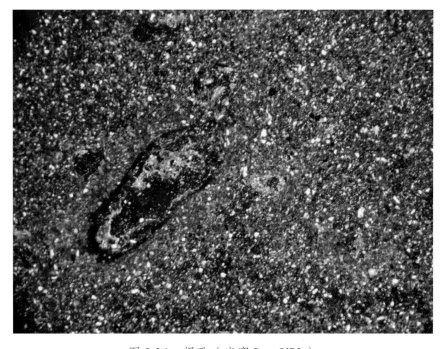

图 3.34　根孔（安塞 L_0，XPL）

四、黄土成因与沉积环境

关于黄土成因有多种解释，如洪积成因、湖相沉积物、石灰岩风化后残积物等。刘东生等（1985）等根据戈壁、沙漠到黄土的分带，基于黄土区黄土颗粒粒度由西北向东南逐渐变细的事实，以及黄土高原地层、地质和岩性在广大范围内具有相似性和一致性，得出黄土物质是风力搬运而来的。并指出黄土剖面中出现的黄土与红土交错堆叠现象是气候冷暖干湿交替作用的结果。唐克丽（1981a；1981b）等土壤学家研究揭示了黄土沉积过程中的成壤、成岩和侵蚀作用特征，并指出古土壤层有着发生环境和时间的二元性特征，即一层红褐色古土壤层就代表了冷干的黄土母质堆积阶段和温湿的风化成壤阶段（唐克丽，贺秀斌，2004）。朱显谟（1994）指出黄土－古土壤剖面结构是黄尘沉积、成壤和成岩共同综合作用的产物，并形成特有的黄土点棱接触支架式多孔结构，即在干冷时期弱成壤过程中受植物根系的固结缠绕和有机物掺加而形成多孔的团粒和团块状结构；再经过温湿时期强生物黏化成壤过程中形成的团粒、海绵状结构，在腐殖质大部分矿化后新形成黏粒包裹作用下形成棱块和棱柱状等结构。

应用微形态的方法观察研究保持原状结构的土壤薄片，有助于分析鉴别土壤中原生和次生物质的特征，有助于鉴别河流相沉积物、坡积物、风力沉积物和重力塌积物等，也有助于鉴别可溶盐和黏粒的移动与积聚形态。土壤微结构体内微粒物质的组成、形状、大小及其排列状况，对研究沉积物或古土壤物质来源及其成因有重要的示证作用（图3.35～图3.42）。例如马兰黄土的微形态结构显示碎屑矿物颗粒以石英、长石、云母为主，颗粒大小较均匀，棱角形或半棱角形占多数，磨圆度差，未见显微层理，证明了其风成成因，沉积时环境较干旱，成土作用弱。在有的黄土薄片内，可见到蚯蚓孔洞及其排泄物（图3.30），说明在黄土沉积的相对间歇期间，有过一定的成土过程，具有草原－森林型植被景观特征。

图 3.35 碎屑矿物颗粒（神木 L_0，PPL）

注：以石英、长石、云母为主，颗粒大小较均匀，多数呈棱角形或半棱角形，磨圆度差

图 3.36 矿物多样、磨圆度差的风成黄土（神木 L_0，XPL）

图 3.37　磨圆度较好的角闪石矿物颗粒（神木 S_0，XPL）

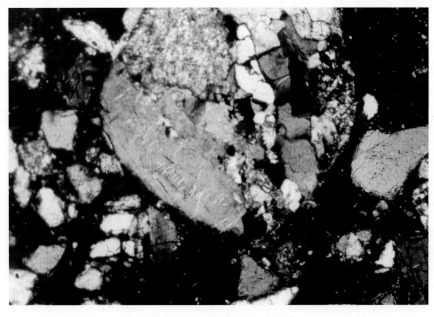

图 3.38　磨圆度较好的岩屑颗粒（神木 S_0，XPL）

图 3.39　风成黄土的点棱支架结构（洛川马兰黄土，XPL）

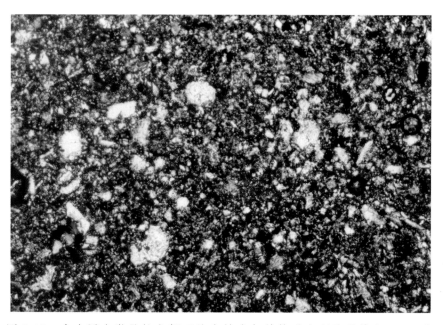

图 3.40　含有原生微晶粒方解石的点棱支架结构（安塞马兰黄土，XPL）

图 3.41　侵蚀沉积黄土的纹理结构（甘泉马兰黄土，XPL）

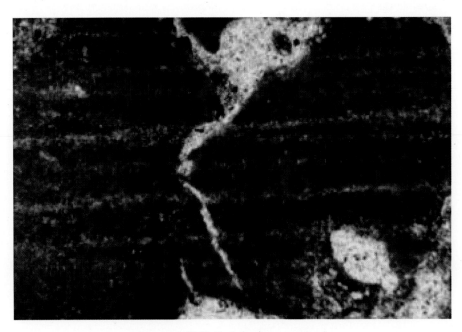

图 3.42　犁底层（武功 Lx，PPL）

五 、埋藏古土壤剖面的多阶段成土过程

我国古土壤的分布极为广泛，从珠穆朗玛峰到四川盆地，从长江、珠江流域到黄土高原，都保留有不同时代和不同类型的古土壤。这些古土壤是重要的自然资源，也是第四纪以来古气候演变的重要见证。由于时间因素和侵蚀、沉积等地质营力的影响，古土壤原有的面貌不同程度地发生了变化，有的与现代土壤重叠或交错分布，呈现多种复杂类型。在研究方法上，除应用一般的物理、化学和矿物组成分析外，微形态特征的镜鉴则有其特殊作用。

垆土剖面形态特征和化学分析数据（格拉西莫夫和文振旺，1955）都表明铁、铝积聚的黏化层具有典型褐色土的特征；但同时全剖面都有碳酸盐，并呈微碱性反应，具有淋溶度弱的草原型灰钙土或栗钙土的特征，在土壤发生分类问题上争议很大，从而划分出灰钙土型褐色土这种特殊土类（图3.43～图3.48）。土壤微形态研究表明（唐克丽，1981a）：垆土黏化层形成时期温暖而湿润，古生态景观接近于现代的暖温带落叶阔叶林地区，以森林植被为主；土壤环境曾偏酸性，有过较为强烈的矿物风化和淋溶作用，黏化现象明显。碳酸钙淋失殆尽后，铁、铝发生移动和积聚。后期新的黄土沉积和人为施肥覆土，形成覆盖土层，加之气候趋于干冷，导致覆盖土层内的碳酸钙淋溶迁移至黏化层。因此，土壤微形态特征揭示出垆土黏化层的碳酸盐为次生型，属复钙现象，而土层内原有的碳酸盐已基本淋失。垆土发生学分类可定为棕壤或棕色森林土，是埋藏古土壤，经历了不同阶段的成土过程，是多元成土环境与过程叠加的复合土壤剖面。

利用微形态的方法能较好地鉴别古土壤发生的多元性，为古气候及古人类生活环境研究提供重要依据。

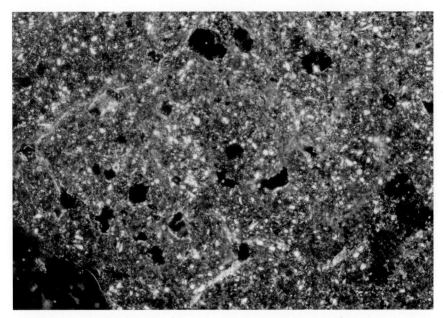

图 3.43　浸染状与网纹状铁质黏土胶膜，裂隙发育微晶状碳酸钙（武功 S_0，XPL）

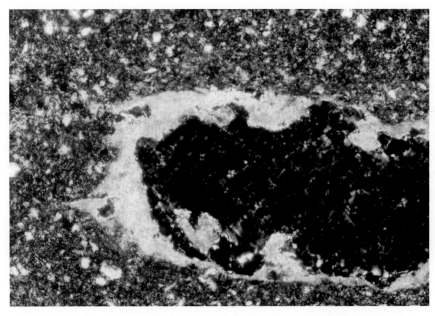

图 3.44　浸染状铁质黏土胶膜，孔隙发育微晶状碳酸钙（武功 S_0，XPL）

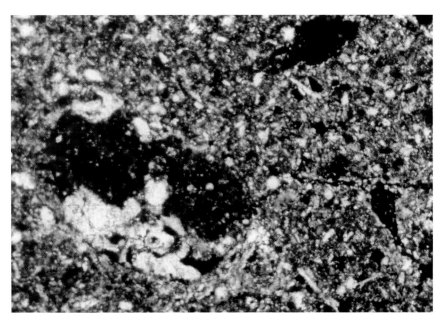

图 3.45 铁锰黏粒聚集与碳酸盐复合胶膜（洛川 S_0，XPL）

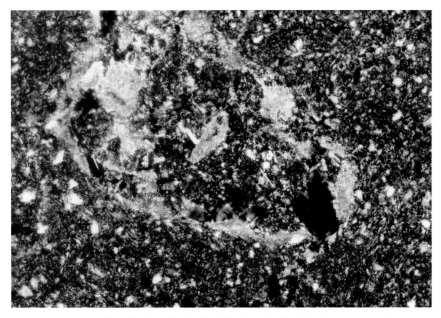

图 3.46 铁锰黏粒聚集与碳酸盐复合胶膜（洛川 S_0，XPL）

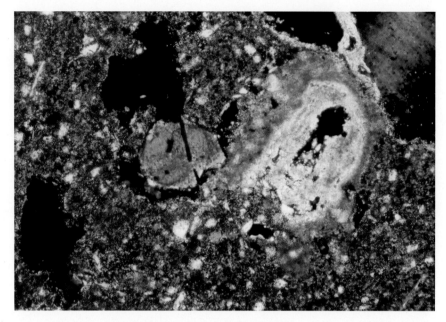

图 3.47　浸染状铁锰黏粒与碳酸盐准胶膜（洛川 S_1，XPL）

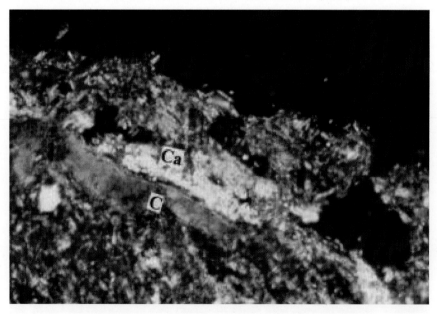

图 3.48　孔隙边缘为铁质黏土胶膜与次生碳酸胶膜同生（武功 S_0，XPL）

六、黄土沉积－成壤过程的土壤微形态解译

黄土高原地区第四纪以来气候的演变，是国内外学术界密切关注的问题。研究表明，黄土－古土壤序列与深海氧同位素类似，清晰地记录了冰期－间冰期气候旋回。但对于不少过程的特征，如沉积过程、成壤过程和侵蚀过程，人们还理解不足。加积型黄土性古土壤层和土壤化的黄土剖面，因受沉积速率和土壤发育程度的共同作用，任何一个黄土剖面单元都具有多元发生过程的特点。土壤微形态研究对这些过程和现象的认识具有独特的作用。

唐克丽和贺秀斌（2004）对洛川黑木沟黄土剖面的中更新世（近20万年来）黄土－古土壤地层进行了系统的野外勘查采样，开展了全剖面的土壤微形态分析、矿物分析、理化分析和孢粉分析等，揭示了黄土剖面在时间上多元古土壤类型的发育演替过程，在空间上不同土壤类型叠加的复合信息，气候干寒－温湿的多次交替，植被景观的森林、草原、荒漠的交替演变（图3.49）。代表干冷环境沉积为主的黄土地层（L），经历了半干旱环境的演化及相应的土壤发育过程；代表暖湿环境的红褐色古土壤层，经历了干旱、半干旱环境的演化及湿润气候生物环境的多元过程叠加作用。黄土剖面是在不同生物、气候条件下，通过黄土沉积、成壤强弱交替演化过程，发育形成的由不同土壤类型组成的特殊多元古土壤剖面体系。该研究揭示了黄土剖面形成发育中多元古土壤类型演化和叠加特征，分辨了同一地层（L层或S层）内不同地学－生物学信息共存的矛盾实质，对第四纪环境演变提出了新的见解。

典型黄土－古土壤微结构特征如图3.50所示，全新世黄土－古土壤微结构特征如图3.51所示，马兰黄土土壤微形态特征空间变化对比如图3.52所示。

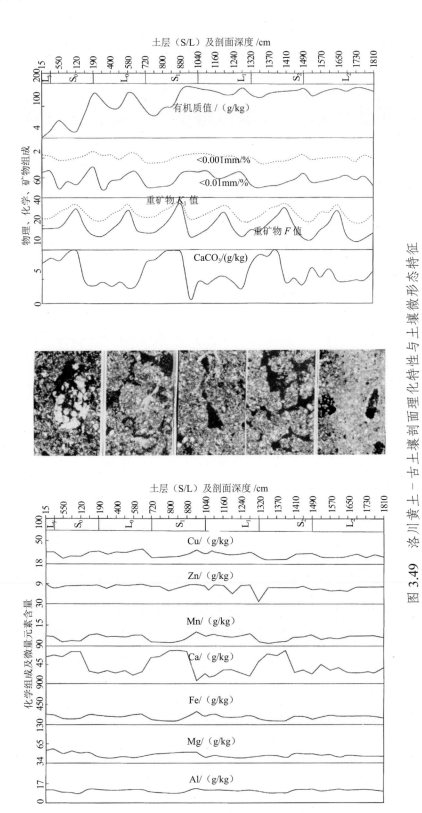

图 3.49 洛川黄土－古土壤剖面理化特性与土壤微形态特征

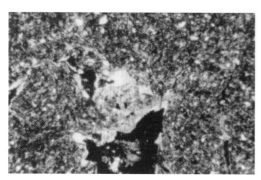

（a）基底式胶结结构

［武功 S_2（HS_{22}），正交偏光，×30］

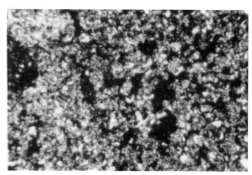

（b）孔隙胶结结构

［洛川 S_1（LS_{13}），正交偏光，×10］

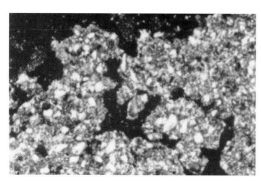

（c）斑状胶结结构

［安塞 L_0（AL_{04}），正交偏光，×10］

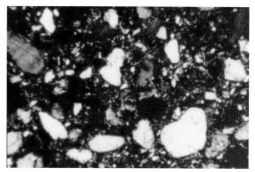

（d）接触胶结结构

［安塞 S_0（AS_{03}），正交偏光，×10］

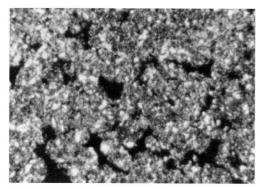

（e）斑状，接触—孔隙胶结结构

［安塞 S_1（AS_{13}），正交偏光，×10］

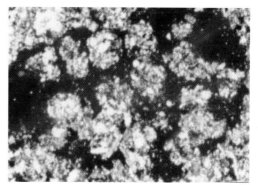

（f）粒状—孔隙胶结结构

［洛川 L_0（LL_{04}），正交偏光，×10］

图 3.50　典型黄土-古土壤微结构特征

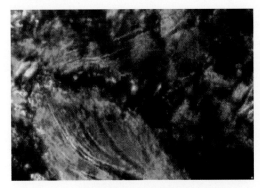

（a）流胶状光性方位黏土
［武功 S_0（HS_{03}），正交偏光，×125］

（b）桥状光性方位黏土
［安塞 S_0（AS_{02}），正交偏光，×50］

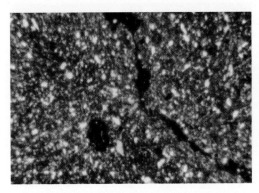

（c）浸染状光性方位黏土
［洛川 S_0（LS_{04}），正交偏光，×10］

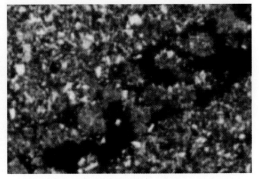

（d）蚯蚓孔内微团聚体
［洛川 S_0（HS_{02}），正交偏光，×10］

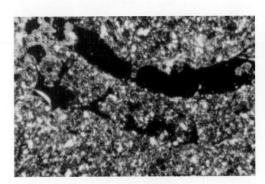

（e）生物孔隙
［武功 L_0（HL_{03}），正交偏光，×10］

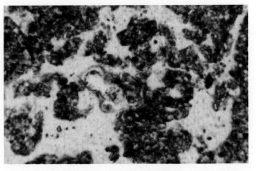

（f）腐殖质与黏粒的海绵状结构体
［武功 S_0（HS_{01}），单偏光，×10］

图 3.51　全新世黄土 - 古土壤微结构特征

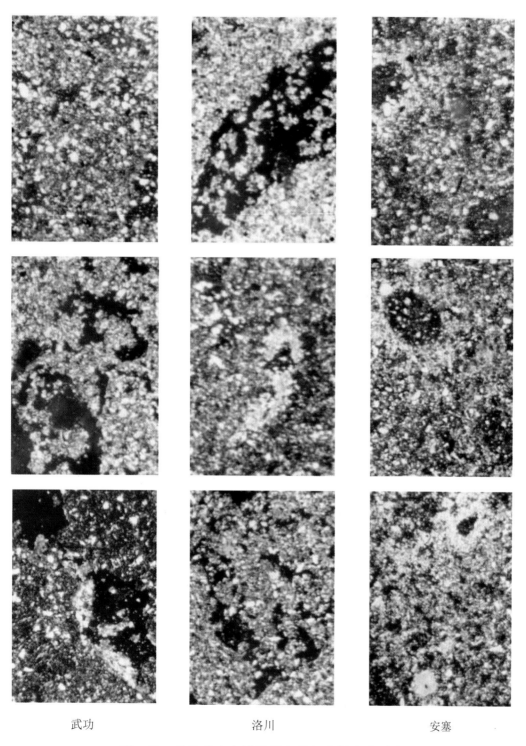

武功　　　　　　　　　　　洛川　　　　　　　　　　　安塞

图 3.52　马兰黄土土壤微形态特征空间变化对比

七、古人类环境的土壤微形态解译

考古学家通过土壤微形态研究提取有关历史时期土地利用和土壤管理信息，一些专家从古土壤的微形态特征提取古环境信息，特别是古气候意义。著名的周口店洞穴堆积物内也包含有来自洞内外的各种运积型的古土壤残余物，是研究古气候及古人类生活环境的重要依据（吴汝康等，1985）。周口店洞穴堆积地层也是华北第四纪的标准剖面，各层位堆积物来自于洞外河水或洪水冲积物、坡积物、洞内石灰岩溶蚀风化及重力崩塌等多种物质来源和多种外营力搬运堆积而成。

土壤微形态分析在研究考古遗址的各种遗迹特点及其反映的人类活动方面的作用是不可替代的，Courty 等（1989）出版了《考古学中的土壤微形态分析》（*Soils and Micromorphology in Archaeology*），可作为土壤微形态分析在考古学研究中的应用手册。土壤微形态分析可提供：①人类居住遗存如燃烧活动、垃圾处理与堆放、房屋的地面处理、食物结构、灰坑和窖穴中堆积物的信息；②史前时代的建筑材料如砖、土坯、土墙、草屋顶、石膏和石灰的信息；③分析遗址周围的土地利用及相关特征如森林砍伐、烧荒、放牧、农耕、灌溉等活动的遗存及其对周围生态环境的影响（靳桂云，1999）。

唐克丽等土壤微形态研究发现（吴汝康等，1985）：第十三层的红黏土与下砾石层上部所充填的红黏土很相似，以分散的细黏土物质为主，具有明显的层理，运移营力以河水或洪水为主，其物质来源与特性和洞穴附近周围地区残积的红壤型古土壤很相近；见有大量红棕色光性黏土和铁质黏土胶膜的积聚，是湿热气候下的产物（图3.53～图3.55）。微结构特征的研究证实了，第十三层与下砾石层堆积的时代可能是同期；两者堆积物的来源相同，以洞外为主；周口店洞穴堆积物第十层烟灰部分（文化层）内夹带的红黏土也见到显微层理，但以微团聚体为主，说明河水的搬运作用已不明显，流水分选弱，运移距离近；物质来源可能以洞穴附近的坡积物为主，进入洞穴的途径可能以纵向的裂隙为主。

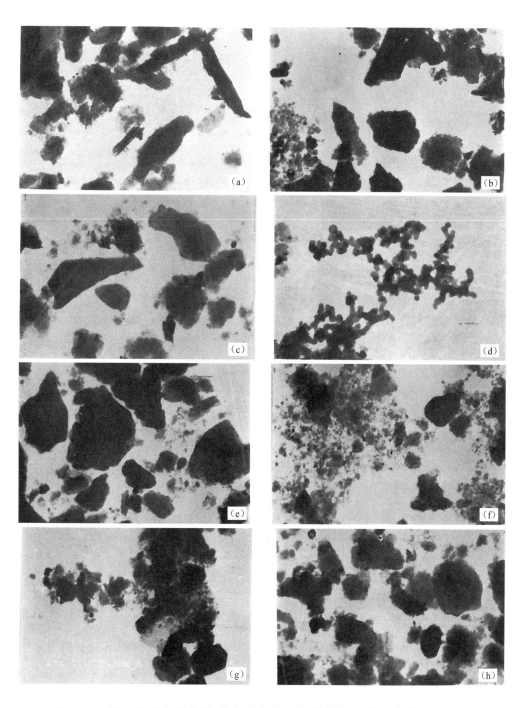

图 3.53　周口店洞穴堆积物黏土矿物电子扫描特征（吴汝康等，1985）

注：（a）CK-104（260～320cm）高岭石、水云母、埃洛石、氧化铁；（b）CK-104（260～320cm）高
岭石、水云母及蒙脱石；（c）CK-34，高岭石、水云母、蒙脱石；（d）CK-34，结晶完好的赤铁矿；（e）
CK-9，水云母、高岭石、蒙脱石、绿泥石；（f）CK-10，高岭石、水云母、蒙脱石、氧化铁；（g）CK-8（15
层），水云母、高岭石、绿泥石、蒙脱石；（h）CK-8（13层），水云母、高带石、绿泥石、蒙脱石

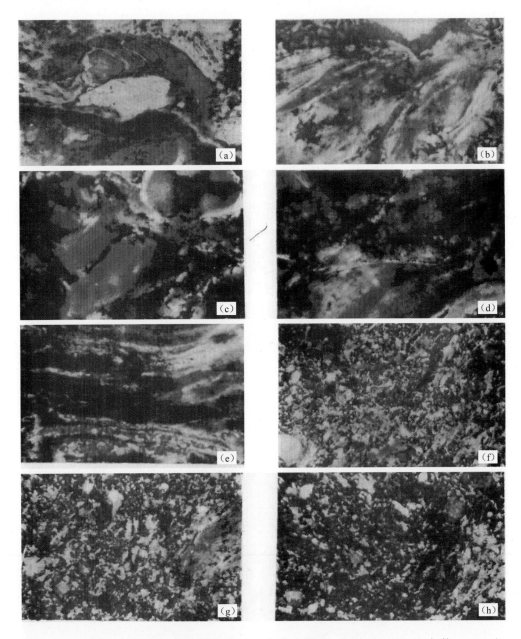

图 3.54　周口店洞穴堆积物显微镜光性方位黏土特征（XPL）（吴汝康等，1985）

注：（a）花岗岩的残积古红壤，沿孔隙及石英矿物颗粒积聚棕红色铁质胶膜；（b）母石英闪长岩的残积古红壤，孔隙内呈放射流胶状棕红铁质胶膜；（c）砂面岩的残积古红壤，孔隙内积聚棕红色铁质胶膜；（d）千枚岩的残积古红壤，孔隙内积聚棕红色铁质胶膜，微显层理；（e）千枚岩风化壳裂隙内充填的红黏冲积物，棕红色铁质黏粒胶膜，层理微结构；（f）粉砂质黏土层，粉砂层理中夹带光性红棕色黏土条带；（g）石灰岩裂隙中黄土状沉积物上发育的古土壤条带，微结构内见条纹状及片状红棕色胶膜的集中析出；（h）石灰岩裂隙中黄土状沉积物上发育的古土壤条带，微结构内见条纹状红棕色黏土胶膜

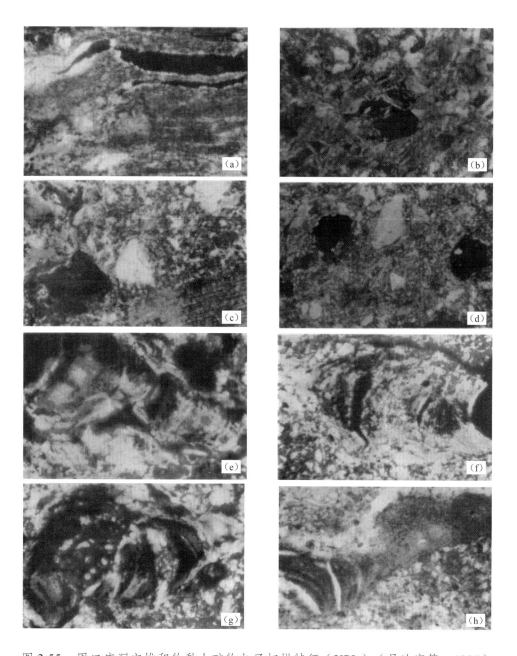

图 3.55　周口店洞穴堆积物黏土矿物电子扫描特征（XPL）（吴汝康等，1985）

注：（a）龙骨山顶部低凹地黄土状沉积物上发育的古土壤，微结构孔隙内呈泉华状和流胶状棕红色黏土胶膜集中析出；（b）孔隙内螺壳状红棕色胶膜的积聚；（c）三福村黄土剖面第一层古土壤，孔隙内集中析出红棕色黏土胶膜；（d）下砾石层上部黄土状沉积物，孔隙内集中析出红棕色黏土胶膜；（e）母质为砂页岩房山顶部的棕壤型，微结构内呈条纹状及片状红棕色铁质胶膜的积聚；（f）母质为粗晶粒花岗岩的棕壤型土壤，条纹状、片状红棕色胶膜的积聚，半风化物胶膜的积聚；（g）猿人洞穴堆积物第八九层，微结构体内有较多的胶膜积聚；（h）第十层，经流水搬运后沉积的红黏土层理

第四章
土地利用的
土壤微形态响应

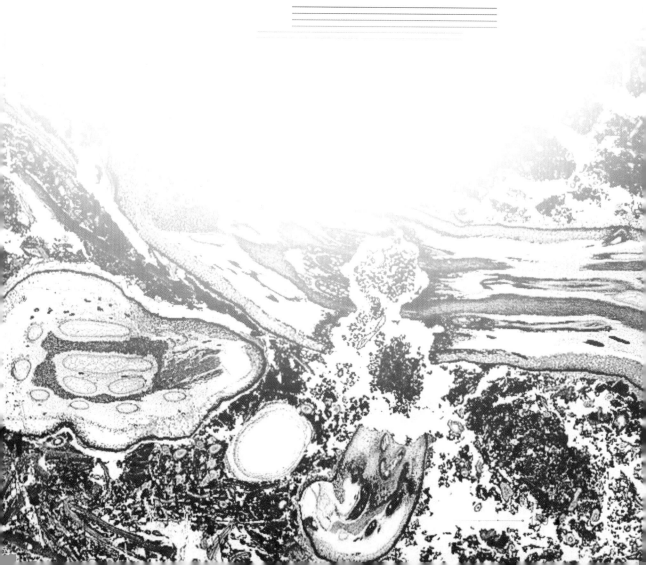

一、大寨海绵土微形态特征

土地利用方式改变对土壤质量及其生态功能产生重大影响，也必然在土壤组构中留下痕迹。土壤微形态研究对土地利用、土地退化、土壤环境及土壤管理等具有特殊的意义。唐克丽（1978）应用微形态学的理论和方法，通过偏光显微镜和电子显微镜观察研究了海绵土的微形态特征，阐明了大寨海绵土"疏松软绵、结构性好、蓄水保墙"的肥力特性和土壤熟化发育过程，揭示了微结构体内有分解程度不同的有机质，其具有胶结作用，可与土体相融而形成团聚体，从而进一步揭示了有机无机复合胶体的发育机理。根据梯田、沟坝地、人造平原的各类海绵土和未经改良的成土母质的不同，将在黄土类沉积物上培育的称为黄土性海绵土，在红土类沉积物上培育的称为红土性海绵土，沟坝地内的土壤称为黑土性海绵土（有机质含量较多，呈黑色）（图4.1～图4.3）。研究表明，以疏松软绵、保水保肥为基本特点的海绵土具有：①明显的团聚性和多级团聚体组合；②多孔隙性、孔隙组成和形态的多样性；③有机无机胶体复合促进土肥相融。

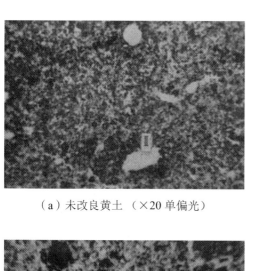

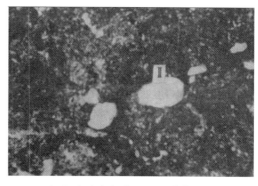

（a）未改良黄土 （×20 单偏光）　　　　　　（b）未改良红土（×20 单偏光）

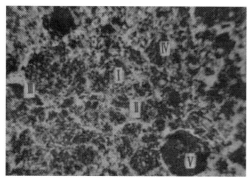

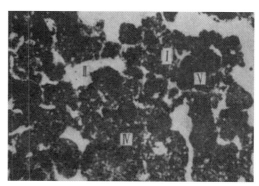

（c）教育青年田土壤（×20 单偏光）　　　　（d）红土性海绵土（×20 单偏光）

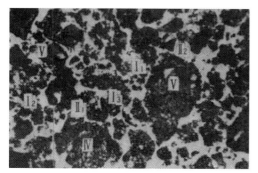

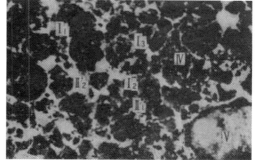

（e）黄土性海绵土 1（×20 单偏光）　　　　（f）黄土性海绵土 2（×20 单偏光）

图 4.1　大寨海绵土不同改良方式下的微形态特征

注：（a）紧实的微结构体，未形成团聚体，见有少量的圆形孔隙；（b）致密的微结构体，未形成团聚体，见有少量的圆形孔隙；（c）微结构体较疏松，初步形成一定的团聚体，团聚性差；（d）疏松的微结构体内表现有明显的团聚性与多孔隙性，I—团粒；II—孔隙；III—有机质残体；IV—原生矿物颗粒；V—护渣碎屑；（e）、（f）海绵状疏松的微结构体，具有明显的团聚性与多孔隙性，I_1—一级微团聚体，$0.05 \sim 0.1$mm；I_2—二级微团聚体，$0.1 \sim 0.5$mm；I_3—三级微团聚体，$0.5 \sim 2$mm；II_1—团聚体内部的孔隙；II_2—团聚体之间的孔隙；IV—原生矿物颗粒；V—炉渣碎屑

（a）当年人造梯田土壤（×20 单偏光）　　　　　　（b）黑土性海绵土（×100 单偏光）

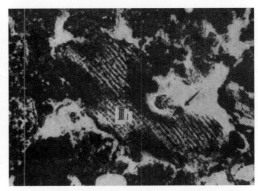

（c）黑土性海绵土（×62.5 单偏光）　　　　　　（d）黄土性海绵土（×58 单偏光）

（e）当年人造梯田土壤（×140 单偏光）　　　　　　（f）黄土性海绵土（×350 单偏光）

图 4.2　不同类型海绵土的微形态特征

注：（a）微结构体内见有大小不等的微团聚体（I），多种孔隙（II）、半腐烂分解的有机质残体（III）及炉渣碎屑（V）；（b）由 8 个 0.1～0.2mm 的二级微团聚体（I_2）组合而成的三级微团聚体，团聚体内部形成弯曲状的毛管孔隙（II_1）；（c）微团聚体（I）之间的连接处形成网格状的孔隙（II）；（d）微结构体内尚保持原形的半腐烂分解的有机质残体（III_1）；（e）半腐烂分解的有机质残体（III_2）与矿物颗粒、黏粒相互胶结的团聚体；（f）黏粒状半腐烂分解的有机质残体（III_2）及腐殖质化的深褐色胶膜（III_3）与矿物

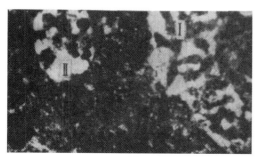

（a）黄土性海绵土（×45 单偏光）

（b）未改良黄土（×45，XPL）

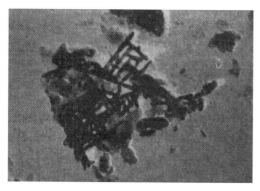

（c）未改良黄土（×20000 电镜）

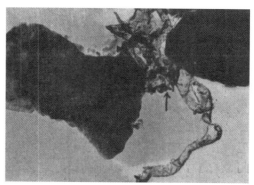

（d）黄土性海绵土 1（×20000 电镜）

（e）黄土性海绵土 2（×20000 电镜）

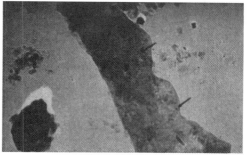

（f）黄土性海绵土 3（×20000 电镜）

图 4.3　黄土性海绵土微形态及电子扫描结构特征

注：（a）结构体内的蚯蚓孔洞（II）及微团聚体形态的排泄物（I）；（b）微结构体内矿物颗粒的组成和分布，II—孔隙，V—原生矿物颗粒；（c）矿物颗粒之间未见任何有机物质残迹，见有大量的碳酸钙棒状结晶物；（d）未腐殖质化的有机物质残迹与矿物紧密结合的性状；（e）取自 1～2mm 水稳性团粒样品，未腐殖质化的有机物质残迹与矿物紧密结合的性状；（f）土壤有机无机复合体发育的一个特征，矿物表面聚集有细小的有机分子颗粒

二、黄土不同土地利用方式微形态响应

　　黄土高原由于水土流失强烈，特别是近代受人为加速侵蚀的影响（唐克丽和贺秀斌，2004），土壤发生剖面仅在平原和高原保存较完整，由东南向西北分别在全新世黄土沉积剖面基础上发育垆土、黑垆土、黑钙土、风沙土与荒漠土，全新世黄土厚度一般为 2～3m，底部以钙积层与下覆马兰黄土连接（朱显谟，1957；刘东生等，1985；贺秀斌，1993）；黄土高原大部分地区出露马兰黄土，一般厚度为10～30m，"点、棱接触支架式多孔结构"发育最典型（朱显谟，1994）（图4.4～图4.6）。黄土高原全新世中晚期基本形成了地带性植被格局，即自东南向西北分布暖温带常绿阔叶林、森林草原、干草原和中温带荒漠草原带。在历史时期，由于气候变化和战乱等人为活动影响，森林植被面积不断缩小；在近代，由于人为开垦土地、采伐森林和过度放牧，林草植被遭受进一步的破坏；20世纪末，实施大规模的退耕还林（草）和水土流失综合治理政策，林草植被逐步恢复（唐克丽和贺秀斌，2004；He et al.，2004）。土地利用的变化，特别是灌溉、犁耕、施肥等人为作用和植被变化等自然作用过程对土壤结构和微结构产生重要影响，土壤板结、团聚、钙化、黏化等过程均有较显著的响应。

（a）农耕地　　　　　　　　　　　　　（b）3 年草地

（c）8 年草地　　　　　　　　　　　　（d）20 年草地

（e）林地

图 4.4　不同土地利用下表层（0 ～ 20cm）马兰黄土显微结构特征（XPL，×200）

（a）农耕地　　　　　　　　　　　　　　（b）3 年草地

（c）8 年草地　　　　　　　　　　　　　　（d）20 年草地

（e）林地

图 4.5　不同土地利用下表层（40 ～ 50 cm）马兰黄土显微结构特征（XPL，×200）

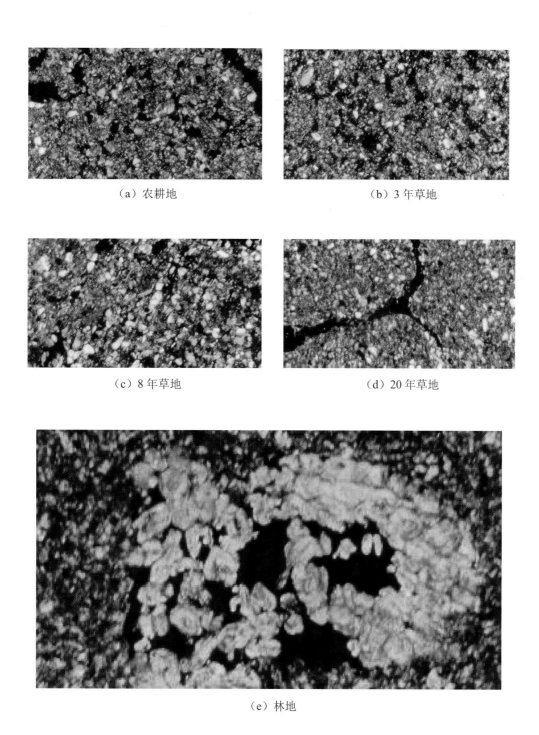

（a）农耕地　　　　　　　　　　　（b）3 年草地

（c）8 年草地　　　　　　　　　　（d）20 年草地

（e）林地

图 4.6　不同土地利用下表层（50 ~ 70 cm）马兰黄土显微结构特征（XPL，×200）

三、紫色土不同土地利用方式微形态响应

全球在三叠纪至新近纪期间广泛发育紫色砂岩、泥岩、页岩，其中侏罗纪、白垩纪紫色岩最为典型，是丹霞、丹丘和彩虹山等地貌景观的主要地质岩层。我国四川盆地丘陵区侏罗系/白垩系紫色岩层出露最为广泛。麦积山石窟、云冈石窟、大足石刻、乐山大佛等佛教石窟都位于侏罗系/古近系的紫色岩层中。紫色岩成岩程度低、易崩解、物理风化强烈、化学风化微弱，易发生降雨径流侵蚀，成土环境很不稳定，导致土壤发育常滞留在幼年阶段，不具脱硅富铝化特征，土壤厚度通常不到 60 cm，土壤剖面继承了母岩色泽，呈紫色或红紫色，统称"紫色土"（表4.1）。在中国土壤分类系统中，紫色土属于新成土（primosols）、雏形土（cambosols）或人为土（anthrosols）（He et al.，2009），包含酸性紫色土、中性紫色土和石灰性紫色土 3 个亚类。我国西南紫色岩层厚度 1200 多米，出露面积 20 多万平方千里，紫色土磷、钾等矿质养分含量丰富，是我国重要的旱作土壤之一（何毓蓉，1984）（表 4.2 和图 4.7）。

紫色岩以接触胶结和基底胶结微结构为主，胶结物主要为黏粒，也有铁锰化学胶结物，呈致密块状、片状微结构，孔隙度较低（图 4.8～图 4.23）。紫色岩出露，受水分条件变化、生物和人为扰动影响容易发生物理风化，发育形成微裂隙、裂隙（图 4.24 和图 4.25）。紫色土以碎屑粒状孔隙充填式胶结微结构为主，粗粒物质为泥岩碎屑或矿物颗粒。随土地利用强度或土壤发育程度不同，团聚微垒结、孔隙、光性方位黏粒和化学胶结物等呈显著增加的趋势（He et al.，2009；赵景波等，2012）。

表 4.1 紫色土分类对照表

中国土壤分类 （Chinese Soil Taxonomy）	世界土壤分类 （WRB）	美国土壤分类 （USA- ST）
新成土 (primosols)	薄层土　(leptisols) 砂性土　(arenosols) 疏松岩性土　(regosols)	新成土 (entisols)
雏形土 (cambosols)	雏形土 (cambosols)	始成土　(inceptisols) 软土　(mollisols)
人为土 (anthrosols)	人为土 (anthrosols)	

表 4.2　中国西南紫色砂泥岩地层特征

界	系	组	地点	地质剖面特征	厚度/m
新生界	古近系	余光坡组	四川名山	a. 棕红色、砖红色泥岩夹棕红色、灰绿色薄层泥质粉砂岩，泥岩含零星钙质结核及次生方解石薄膜	81
				b. 棕红色泥岩夹粉砂质泥岩，底部为2m厚的紫红色泥质粉砂岩，粉砂岩中有绿色斑点	64
				c. 棕红色泥岩夹粉砂质泥岩，中部夹数层暗紫、灰黑色泥页岩（厚度0.4～2.5m）	75
				d. 暗棕色角砾状泥岩及灰绿色泥灰质角砾岩夹暗紫红色泥岩，砾径一般<2cm；底部为3m厚的棕红色粉砂质泥岩	30
				e. 上部为棕红色泥岩，下部为棕红色中﹣厚层泥质粉砂岩互层，层理发育；底部夹3～4层灰黑色泥页岩，单层厚1～2m	72
		金鸡关组	四川名山	a. 棕红色、紫红色泥岩，下部夹3～4层中层泥质粉砂岩和泥岩	35
				b. 棕红色中厚层钙质、泥质粉砂岩	31
				c. 暗棕色中﹣厚层钙质石英粉砂岩，局部夹细砂岩、粉砂质泥岩，偶见小溶孔，地貌特征为陡坎	58

续表

界	系	组	地点	地质剖面特征	厚度/m
新生界	古近系	芦山组	四川芦山	a. 中上部棕色泥岩，上部橙红色钙质粉砂岩，厚约 1m，具小孔洞；下部为橙红－棕色厚层粉砂岩	120
				b. 橙红色中厚层泥质钙质粉砂岩与同色泥岩成韵律层。底部砂岩含绿色斑点或条带	76
				c. 橙红色、棕红色中厚层粉砂岩夹橙红色泥岩夹同色钙质粉砂岩，具少量绿色斑点及钙质结核	25
				d. 橙黄和棕红色泥岩，间夹有橙红和黄绿色粉砂岩及橙红色泥质粉砂岩数层，具绿色斑点及小孔洞	57
		路美邑组	云南路美邑	a. 棕红色砂质泥岩，含钙质结核	27
				b. 灰白、浅灰泥灰岩，杂色钙质泥岩	15
				c. 棕红色砂质泥岩，带灰绿色斑点或条带，含钙质结核	44
				d. 棕红色砂质泥岩，局部夹有含砾砂岩或砂砾岩	66
		小屯组	云南路南	a. 棕红色泥质砂岩与砂质泥岩互层，往上砂页岩增多	13
				b. 棕红色、灰黑中厚层泥质砂岩，局部有含砾砂岩	32
中生界	白垩系	江底河组（a～c 为稗子田段；d～f 为永水井段；g 为六苴后山段；h～i 为罗苴美段）	云南大姚	a. 紫红色含钙质粉砂质泥岩与钙质粉砂岩不等厚互层，底部为泥质细砂岩	263
				b. 上部紫红色厚层至块状钙质粉砂质泥岩，下部紫红色钙质粉砂质泥岩与钙质粉砂岩不等厚互层，夹少量黏土质细砾岩，底部浅灰色泥质细砂岩	350
				c. 上部紫红色泥岩、钙质泥岩夹钙质粉砂岩，下部紫红色块状粉砂质泥岩及钙质砂岩	269
				d. 紫红色、灰色、灰绿色钙质粉砂质泥岩夹钙质粉砂岩或钙质砾岩	—
				e. 浅紫红色粉砂质钙质砾岩，顶部为钙质粉砂岩夹粉砂质钙质砾岩	130
				f. 紫红色、灰绿色钙质粉砂质泥岩夹钙质泥岩及钙质粉砂岩，底部灰黄色粉砂质泥灰岩	211
				g. 紫红色厚层至块状钙质粉砂质泥岩夹钙质粉砂岩	102

续表

界	系	组	地点	地质剖面特征	厚度/m
中生界	白垩系	江底河组 a～c为稗子田段；d～f为永水井段；g为六苴后山段；h～i为罗苴美段	云南大姚	h. 紫红色、灰绿色厚层至块状钙质粉砂岩夹钙质泥岩及少量泥灰岩	406
				i. 上部紫红色块状钙质泥岩，下部紫红色块状粉砂质泥岩，底部灰绿色粉砂质泥岩	235
		灌口组	四川邛崃	a. 紫红色泥岩、钙质泥质粉砂岩夹杂色白云质泥灰岩	54
				b. 紫红、棕红色泥岩夹杂色薄层泥灰岩、页岩，中部夹少量粉砂岩	157
				c. 棕红、紫红色钙质泥质粉砂岩、砂质泥岩夹杂色泥岩及薄层泥灰岩	225
				d. 棕红色薄至中厚层钙质泥岩，夹多层角砾状砂质泥岩	337
		马头山组	云南大姚	a. 棕红色块状泥岩、钙质泥岩，夹紫灰色条带状砂质页岩、几层棕红色粉砂岩和紫灰色的疏松含长石石英砂石	35
				b. 棕色砾岩，砾石为脉石英和变质岩，磨圆度好	2
				c. 紫红色砂、页岩，底部紫灰色厚层砂岩	42
		夹关组	四川邛崃	a. 灰黄紫色块状细粒钙质砂岩，夹泥岩薄层	51
				b. 棕红色块状砂岩与泥岩、砂质泥岩互层，斜层理发育	318
				c. 紫红色砾岩、砾岩，成分为灰岩、脉石英、砂岩（粒径2～10cm）	17
		剑阁组	四川剑阁	a. 浅紫红色、灰白色砂岩，泥质粉砂岩、泥岩互层，底部夹透镜状砾岩	97
				b. 上部紫红色泥质粉砂岩，中部含砾砂岩，下部厚层砂岩	165
		普昌河组	云南祥云	a. 紫红色泥岩与薄层至中层细泥质砂岩互层，下部砂岩增多	207
				b. 紫红、黄绿色泥岩，钙质泥岩夹细砂岩、泥灰岩，形成杂色条带	392
				c. 紫红色砂质泥岩夹一厚层细粒石英砂岩	202
				d. 鲜紫红、紫红色厚层钙质泥岩夹粉砂质泥岩，下部常夹绿黄色砂泥岩条带或其团块	510

续表

界	系	组	地点	地质剖面特征	厚度/m
中生界	白垩系	剑门关组	四川剑阁	a.紫红色中厚层状砂岩、砂质泥岩、泥岩互层	158
				b.紫红色泥岩、泥质粉砂岩夹砂岩、砾砂，下部砂砾岩较多	102
				c.上部紫红色砂岩、泥质粉砂岩互层，下部砂岩的韵律层，底部砾岩，砾岩成分以石英岩为主	117
				d.杂色块状砾岩，夹透镜状砂岩及泥岩，砾石成分以石英岩为主，灰岩、砂岩次之	166
	侏罗系	莲花口组	四川广元	a.砖红色泥岩、砂质泥岩夹灰质砂岩和泥岩	168
				b.砖红色泥岩与砾岩、灰质砂岩，不等厚互层，前者为主，砾岩主要为石英岩	147
				c.砖红色泥岩夹多层棕紫色灰质砂岩，偶含石英细砾，上部砖红色泥质砂岩	596
		蓬莱镇组	四川蓬莱镇	a.紫灰色石英砂岩、棕紫色灰质砂岩与棕紫色泥岩互层，含透镜状砾岩及硅化木	141
				b.黄绿色页岩，薄层	3
				c.棕紫红色泥岩与泥质砂岩互层，含灰质结核和泥砾	41
				d.紫棕灰色泥灰岩类砂质页岩及粉砂岩	2
		遂宁组	贵州遵义	a.紫红色、砖红色含粉砂质黏土岩	34
				b.灰紫色中厚层状钙质长石石英粉－细砂岩，偶夹页岩	39
				c.紫红色中厚层至厚层黏土质砂岩	21
				d.砖红色薄层状具微层理的钙质黏土质粉砂岩与粉砂质黏土岩互层	27
		妥甸组	云南祥云	a.紫红色砂质泥岩与薄至中层砂岩、细砂岩互层，夹6~8层灰绿色钙质泥岩	117
				b.以紫红色薄－中层泥质细砂岩为主，夹砂质泥岩、细砂岩	124
				c.灰紫色－灰白色薄层角砾状泥灰岩及黄绿色钙质泥岩夹紫红色钙质泥岩、细砂岩	41
				d.紫红色中厚层泥质砂岩互层，夹10~12cm钙质角砾岩层	92

续表

界	系	组	地点	地质剖面特征	厚度/m
中生界	侏罗系	官沟组	四川会理	a. 灰紫色夹黄色钙质泥岩及砂质泥岩，下部夹泥灰岩透镜体	243
				b. 紫红色含钙砂质泥岩夹钙质粉砂岩及泥灰岩	122
				c. 紫红色含钙砂质泥岩夹黄色泥岩，灰白色钙质粉砂岩及石英粉砂岩	257
				d. 上部紫红色块状砂质泥岩夹灰白泥灰岩，下部紫红色泥岩，含钙砂质泥岩夹中-细粒石英砂岩	75
		沙溪庙组（a～e为上沙溪庙组；f～h为下沙溪庙组）	四川蓬溪	a. 灰紫色灰质砂岩、长石石英砂岩与紫红色砂质泥岩互层，含泥砾	49
				b. 紫红色泥岩、砂质泥岩夹石英砂岩、长石石英砂岩，含灰质结核和泥砾	188
				c. 紫红色泥岩、砂质与紫灰色长石石英砂岩互层，含灰质结核	120
				d. 紫红色泥岩、砂质泥岩夹灰紫色长石石英砂岩及灰质结核，局部夹泥灰岩	340
				e. 紫红色砂质泥岩、泥岩与浅绿灰色细粒长石石英砂岩不等厚互层，含灰质结核	237
				f. 灰黑色页岩	17
				g. 紫红色粉砂质泥岩、泥质粉砂岩、深灰绿色泥岩及石英砂岩等厚互层，含灰质结核	20
				h. 暗紫红色砂质泥岩夹深灰色粉砂质泥岩	34
		沙溪庙组（a～d为上沙溪庙组；e～g为下沙溪庙组）	贵州毕节	a. 上部紫红色泥岩夹砂岩，泥岩中含灰绿色钙质条带和结核；中部暗紫色厚层细粒长石石英砂岩；下部紫红色泥岩与厚层含泥质粉砂岩互层，灰绿色厚层至块状岩屑长石石英砂岩	109
				b. 黄褐色块状细粒长石砂岩	46
				c. 上部紫红色泥岩夹中厚层细砂岩，下部黄褐色厚层至块状岩屑长石砂岩	54
				d. 上部紫色砂质页岩，中部黑色含油页岩，下部黄绿色页岩及砂质页岩	11
				e. 紫红色致密泥岩，下部黄褐色块状中细粒岩屑长石石英砂岩	61

续表

界	系	组	地点	地质剖面特征	厚度/m
中生界	侏罗系	沙溪庙组（a～d为上沙溪庙组；e～g为下沙溪庙组）	贵州毕节	f. 紫红色泥岩，含钙质条带及结核，夹灰白色薄层细粒岩屑长石石英砂岩；底部为暗灰色厚层细粒岩屑长石石英砂岩	56
				g. 上部紫红色泥岩与中厚层细粒岩屑长石石英砂岩；下部暗紫色厚层中细粒长石石英砂岩	34
		上禄丰组	云南禄丰	a. 鲜红色泥岩夹砂岩，上部夹紫灰色薄层粉砂岩及钙质页岩	117
				b. 棕色粉砂岩与棕红色、灰绿色泥岩、泥灰岩互层，下部棕红色、暗紫、灰绿色粉砂岩与棕红、灰紫色泥岩互层	95
				c. 棕红、黄绿色泥岩、泥灰岩夹黄绿色、灰绿色粉砂岩，下部棕红色泥岩夹黄绿、灰紫色粉砂岩	145
		下禄丰组	云南禄丰	a. 深红色泥岩及棕红色粉砂岩	45
				b. 深红与棕红色泥岩互层间夹薄层粉砂岩，底部为暗紫、棕红色泥岩与灰绿色泥岩互层	158
				c. 暗棕红色泥岩和暗紫色砂岩互层夹薄层粉砂岩	64
				d. 上部暗紫与暗棕色泥岩夹粉砂岩，下部暗棕色、暗紫色泥岩及黄绿色粉砂岩	147
				e. 暗紫色泥岩夹棕红色泥岩，钙质粉砂岩	92
		自流井组（a～c为大安寨段；d～f为马鞍山段；g～i为东岳庙段；j～m为珍珠冲段）	贵州大方	a. 灰紫黑色页岩，顶部为灰绿色，紫红色泥岩夹4～5层薄层介壳灰岩透镜体	8
				b. 上部灰绿色页岩夹深灰色页岩，下部紫灰色、灰紫色中厚层泥灰岩与同色页岩互层，底部为一层介壳灰岩	13
				c. 灰紫、紫灰色页岩，含钙质结核，上部夹紫褐色介壳泥灰岩及紫红色钙质泥岩	16
				d. 上部砖红色泥、页岩，含钙质，局部夹砖红色或褐灰色粉砂岩，下部棕灰色中至厚层石英细砂岩	29
				e. 褐红色、棕红色、灰紫色泥岩与褐灰、灰色中至厚层石英砂岩不等厚互层	93
				f. 棕红色、鲜红色、暗紫灰色泥岩、砂质和钙质泥岩夹浅灰色中至厚层石英砂岩	69
				g. 浅紫色、浅灰色泥岩、钙质泥岩夹浅紫色、黄灰色钙质结核及薄层泥灰岩	19

续表

界	系	组	地点	地质剖面特征	厚度/m
中生界	侏罗系	自流井组（a～c为大安寨段；d～f为马鞍山段；g～i为东岳庙段；j～m为珍珠冲段）	贵州大方	h. 浅紫灰色、浅黄色厚层致密灰岩，沿层面含燧石结核及团块，下部含泥质	4
				i. 黄绿色薄层钙质页岩及灰色薄至中层灰岩，上部灰岩夹层增多	10
				j. 暗紫色、紫红色、砖红色泥岩、钙质泥岩砂质泥岩夹灰绿色薄至中层粉砂岩、细砂岩及薄层泥页岩	106
				k. 暗紫红色、紫红色泥岩，粉砂质泥岩夹灰绿色粉砂质泥岩和钙质结核	18
				l. 深紫灰色、黄绿色页岩夹浅灰绿色薄层泥质石英砂岩	13
				m. 灰白色、浅褐色中至厚层细至粗粒石英砂岩，底部为含铁质石英粗砂岩	7
	三叠系	飞仙关组	四川广元	a. 紫色薄层状页岩，夹紫色薄层灰岩，顶部为灰、浅紫色薄层灰岩与紫色钙质页岩互层	149
				b. 中厚层紫色页岩、泥质灰岩及紫灰色薄层灰岩互层	29
				c. 紫色页岩夹薄层灰岩、泥灰岩	74
				d. 紫色泥岩及钙质页岩互层，上部夹薄层泥质灰岩泥灰岩	162
				e. 青紫色中厚层泥灰岩，风化后呈青灰或黄色	57
				f. 青紫色中厚层泥灰岩，顶部为紫色泥岩	38
				g. 紫色、紫红色泥岩夹青灰色薄层泥灰岩，或与钙质泥岩互层	22
		东川组(巴东组)	云南会泽	a. 紫红色、黄绿色砂质页岩，下部为同色泥岩	64
				b. 黄色厚层细砂岩、砂质页岩	19
				c. 紫红色砂质页岩	52
				d. 浅黄、粉红色中厚层泥质灰岩	1
				e. 紫红、紫色中至厚层中粒砂岩与钙质页岩呈不等厚互层，下部夹粗粒砂岩，顶部砂岩含钙质	210
				f. 紫红色厚层砂岩	176
				g. 紫色砂质页岩，夹中厚层中粒砂岩	244

图 4.7　西南紫色砂泥岩野外特征

图 4.8 紫色砂岩母质显微结构（PPL）

图 4.9 紫色砂岩母质显微结构（XPL）

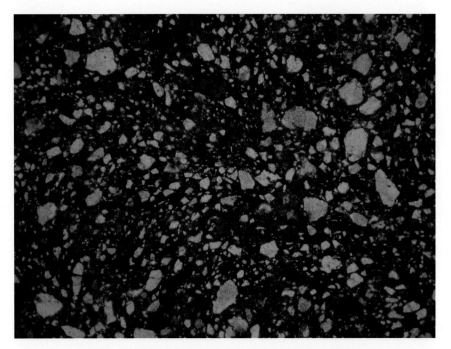

图 4.10　紫色砂岩粒状填充致密块状结构（PPL）

图 4.11　以磨圆度较好的石英、长石为主的紫色土砂岩，具河湖相沉积物特征（XPL）

图 4.12　紫色砂泥岩母质层状显微结构（PPL）

图 4.13　紫色砂泥岩母质层状显微结构（XPL）

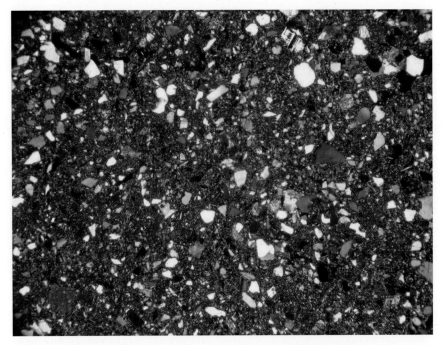

图 4.14 紫色砂泥岩化学胶结块状显微特征（XPL）

图 4.15 紫色砂泥岩黏粒 - 化学胶结块状显微特征（XPL）

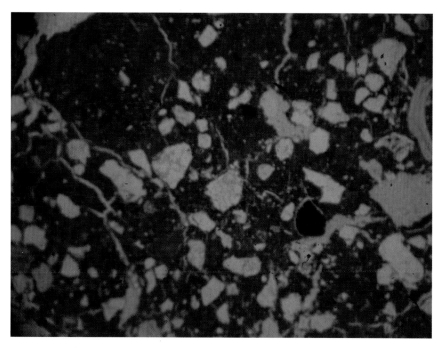

图 4.16　紫色砂泥岩化学胶结块状显微特征（PPL）

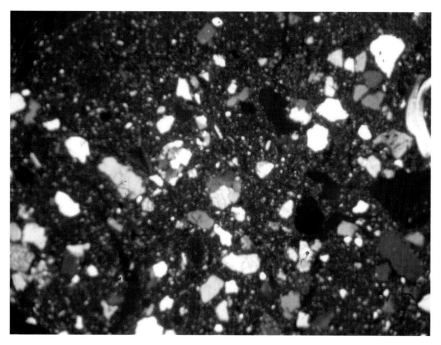

图 4.17　紫色砂泥岩化学胶结块状显微特征（XPL）

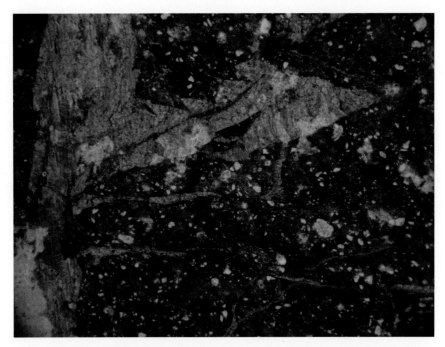

图 4.18 紫色泥岩母质裂隙填充透镜体显微结构（PPL）

图 4.19 紫色泥岩母质裂隙填充透镜体显微结构（XPL）

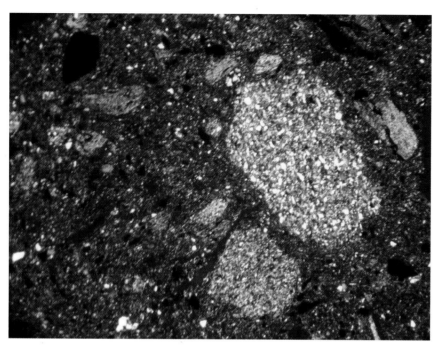

图 4.20　紫色泥岩岩屑显微结构特征（XPL）

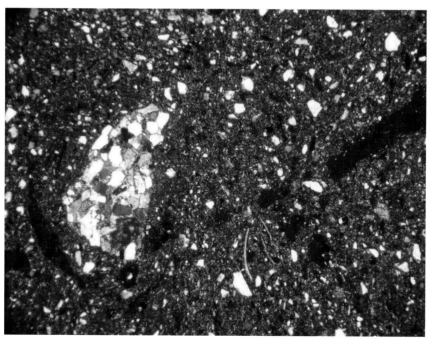

图 4.21　紫色泥岩矿物碎屑显微结构特征（XPL）

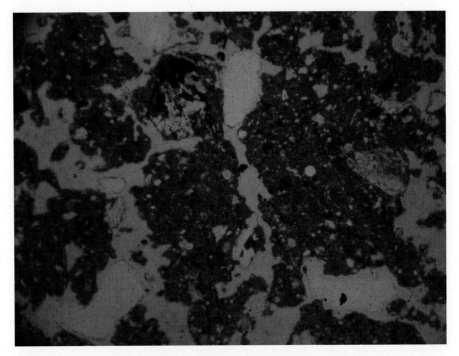

图 4.22 紫色土林地微团聚显微结构（PPL）

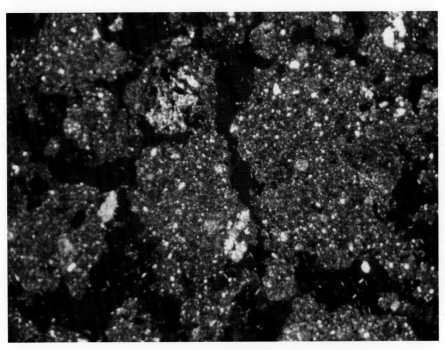

图 4.23 紫色土林地微团聚显微结构（XPL）

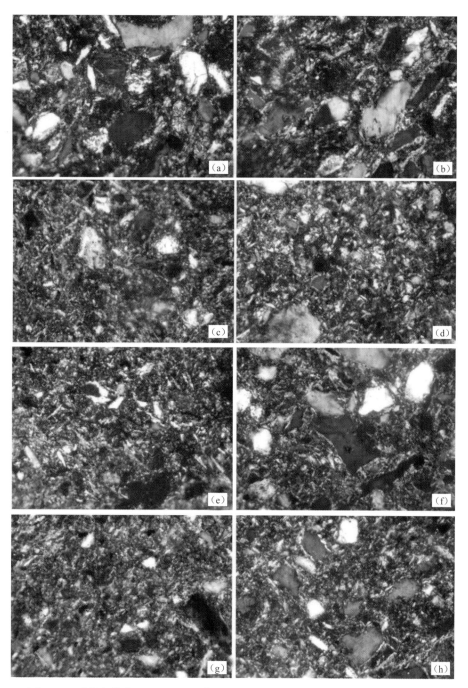

图 4.24　旱地紫色土的显微结构（重庆忠县宝石镇）（XPL，×300）

注：（a）、（b）旱地紫色土母质粒状接触胶结微结构和粒状接触-孔隙充填式胶结微结构；（c）旱地紫色土黏化层粒状孔隙充填式胶结微结构；（d）旱地紫色土黏化层粒状接触-孔隙充填式胶结微结构；（e）旱地紫色土黏化层粒状基底-孔隙充填式胶结微结构；（f）旱地紫色土黏化层粒状孔隙充填式胶结微结构；（g）旱地紫色土黏化层孔隙充填式胶结微结构；（h）旱地紫色土黏化层孔隙-基底胶结微结构

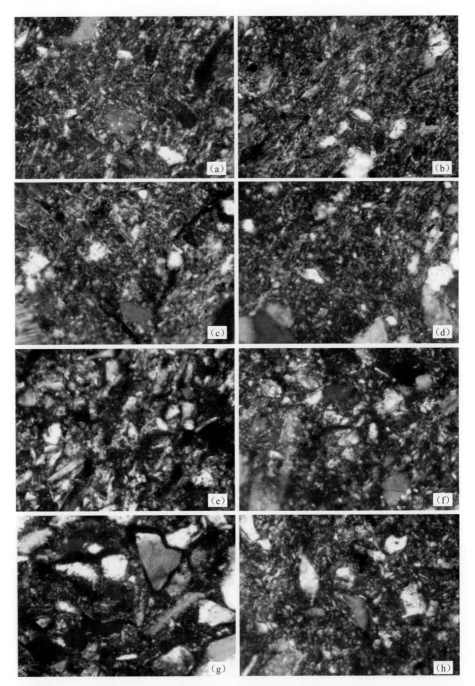

图 4.25　林地紫色土的显微结构（重庆忠县虎溪镇）（XPL，×300）

注：（a）林地紫色土黏化层粒状孔隙充填式－基底铁质胶结微结构；（b）石林地紫色土黏化层粒状基底式铁质胶结微结构；（c）林地紫色土黏化层粒状基底式胶结微结构；（d）林地紫色土黏化层粒状基底式铁质胶结微结构；（e）、（f）林地紫色土黏化层粒状接触胶结微结构；（g）林地紫色土黏化层粒状接触－孔隙充填式铁质胶结微结构；（h）林地紫色土黏化层粒状孔隙充填式铁质与黏土胶结微结构

四、三峡水库消落带的土壤微结构变化特征

一些微观研究（Baumgartl，1998；Pang et al.，2006； Pires 等，2008；Tang and Wang, 2016）发现土壤干湿条件变化会引起膨胀与收缩等过程，使土壤微观结构与形态发生巨大变化，进而导致溶质运移、土壤化学与生物特性的变化。三峡水库的运行改变了长江河道的格局、水文节律和相关地表过程，导致自然河道生态缓冲带消亡，形成了冬季淹没、夏季出露的反季节消落带，水位变幅达 30m（145 ～ 175m）。消落带土壤受长期高压淹水与出露高温干旱交替作用的影响，会产生物理、化学和力学作用，使土壤力学性质参数发生变化，进而导致土体失稳和土壤侵蚀加剧（He et al.，2009）。土壤微形态学研究显示，不同干湿作用强度下土壤微观结构会有重大变化（图 4.26 ～图 4.32）。

图 4.26　三峡水库消落带紫色土干湿交替下裂隙发育与铁质黏粒聚集（XPL）

图 4.27　三峡水库消落带紫色土干湿交替下光性方位黏土及其干裂显微结构（XPL）

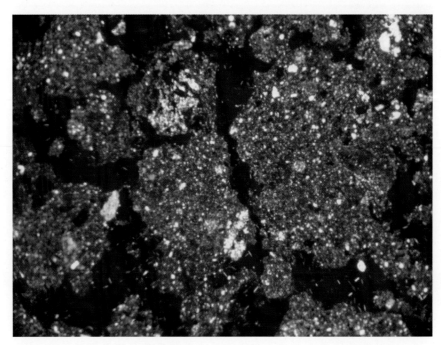

图 4.28　三峡水库消落带紫色土干湿交替下泥岩风化、团聚（XPL）

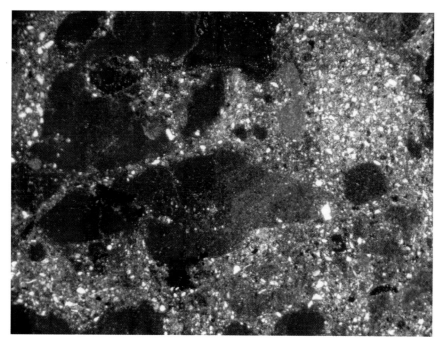

图 4.29　三峡水库消落带紫色土干湿交替下铁质胶体浸染砂岩（XPL）

图 4.30　三峡水库消落带紫色土干湿交替下铁质胶体灌入砂岩裂隙（XPL）

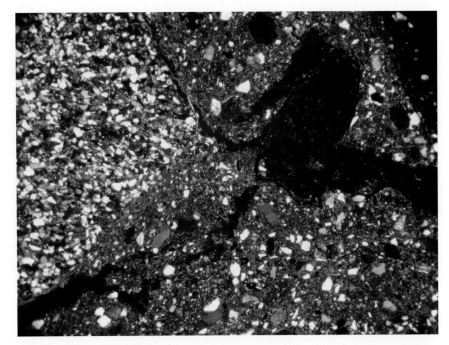

图 4.31　三峡水库消落带紫色土干湿交替下铁质胶体灌入砂岩裂隙（XPL）

图 4.32　三峡水库消落带泥沙沉积物（XPL）

第五章
土壤侵蚀与土壤微形态

　　土壤侵蚀是指土壤受水力、风力、冻融或重力等外营力作用，发生土体、土块、土粒破碎并被剥蚀、搬运与沉积的过程。土壤结构、团聚体、有机质与土壤质地组成等特性对土壤抗冲性与抗蚀性起着关键作用（朱显谟，1957；唐克丽，1978；刘宝元等，1999）。唐克丽（1962）研究了苏联黑钙土、灰化土抗蚀性、抗冲性及其侵蚀环境下土壤微形态响应特征；Chartres 和 Bresson（1994）提出了人为作用土壤退化土壤微形态指标；朱远达等（2004）、贺秀斌等（2001）、马仁明等（2014）对人为活动和降雨导致土壤结皮的形态机理、发育阶段及结皮的形成模式进行了研究。

　　吕发友等（2017）分析了三峡水库长期水位变化与干湿交替作用对消落带紫色土土壤团聚体、孔隙、黏粒迁移与微观结构的影响，阐明了消落带土壤结构与抗剪强度的时空变化规律。张淑娟（2020）结合精准的情景和边界条件控制的模拟实验，采用微观 CT 探测技术研究了土壤在不同干湿交替作用程度下，土壤颗粒排列、黏粒迁移、孔隙形态与连通性等特征及土壤抗剪强度的变化，揭示了三峡水库消落带干湿交替条件下紫色土土壤结构与抗剪强度的响应机理，为消落带土壤侵蚀机理研究和岸坡稳定性评价与预测提供了科学依据。

一、侵蚀环境下苏联黑钙土微形态特征

侵蚀环境下苏联黑钙土微形态特征如图 5.1 所示。

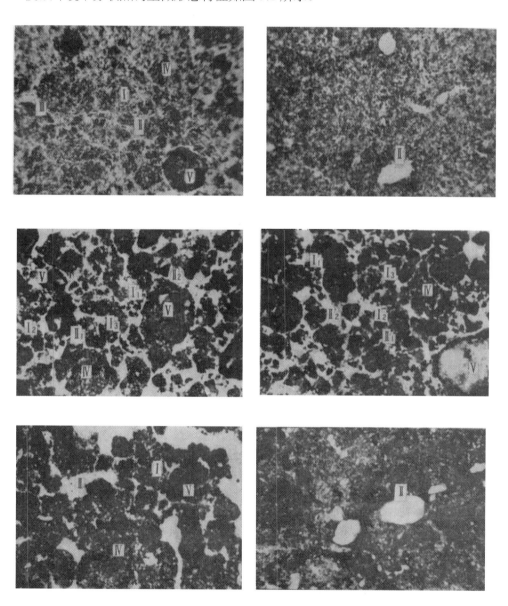

图 5.1 侵蚀环境下苏联黑钙土微形态特征

二、黄土土壤结皮微形态特征

表土结皮是雨后土壤表面普遍存在的一种自然现象，特别是在干旱和半干旱地区的农耕地上，表土结皮的现象尤为突出。表土结皮的形成使土壤的理化性状发生很大的变化，严重影响土壤的透气性和透水性，不仅影响土壤与大气之间的水、热、气和养分的传输过程，在土壤侵蚀过程中也有着重要的作用，表土可结皮性可作为土壤可蚀性的一种度量（Nroton，1987；Ruan and Illangasekare，1998）。土壤结皮的形成机理、动态变化及其量化评价的研究成为目前国际土壤侵蚀动力学与土壤侵蚀预测、预报等模型研究的重要内容之一，特别是从微观进行量化研究显得更加重要（Sumner and Stewart, 1992）。

黄土是最易形成结皮的土壤之一。黄土以含粉砂为主（60%左右），有机质含量低（< 1%），在雨滴打击作用下极易形成黄土结皮，导致超渗径流，在黄土高原土壤侵蚀产沙过程中有着重要的地位（黄秉维，1983；蔡强国等，1988）（图5.2～图5.7）。

土壤微形态学研究对土体结构特殊、湿陷性强的黄土具有特殊的作用，土壤微形态学探测对揭示黄土结皮雨滴打击、雨流封闭、结构失陷、黏土矿物吸水反应、结构破坏和颗粒分异等过程机理与动态变化规律具有重要意义。

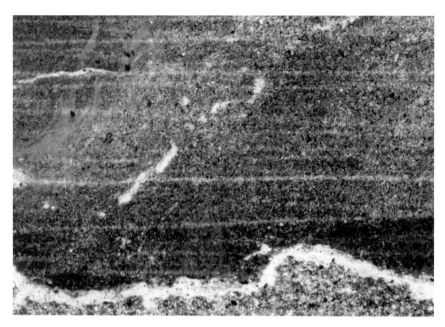

图 5.2 黄绵土黏粒渗移、泥沙沉积形成的复合结皮微结构（PPL）

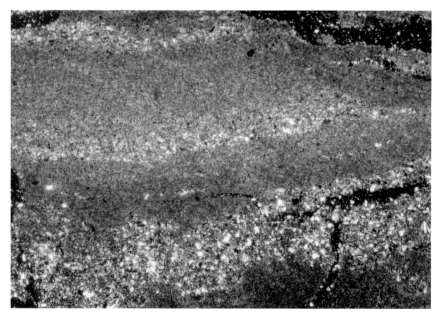

图 5.3 黄绵土黏粒渗移、泥沙沉积形成的复合结皮微结构（XPL）

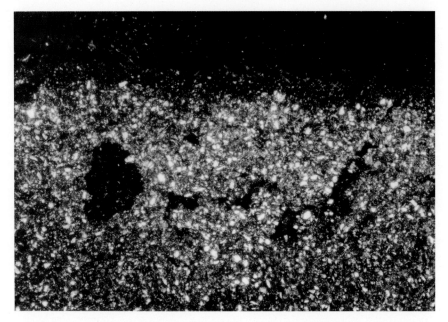

图 5.4　降雨初期黄绵土孔隙 (裂隙) 封闭显微结构特征 (XPL)

图 5.5　黄绵土孔隙 (裂隙) 封闭显微结构特征 (XPL)

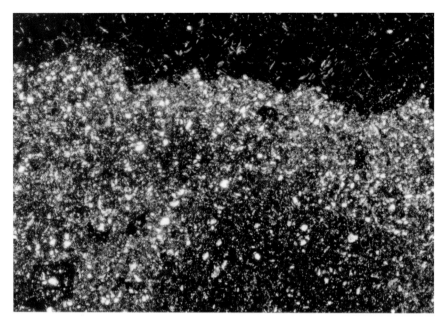

图 5.6　黄绵土结皮形成初期的颗粒分选特征（XPL）

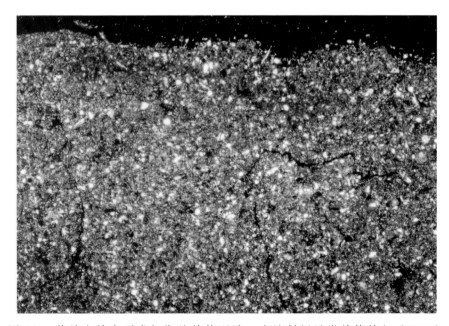

图 5.7　黄绵土结皮形成初期的结构湿陷，土壤封闭显微结构特征（XPL）

三、地质历史时期黄土高原土壤侵蚀强烈期的微形态证据

全新世黄土剖面在黄土高原广泛分布，厚度 1～3m。由于水土流失强烈，仅在关中平原和黄土高原的塬面保存较完整的剖面，下覆以钙积层为界，叠加在末次冰期沉积的马兰黄土之上；全新世大暖期由南向北依次发育棕壤、黑钙土、栗钙土和灰漠土等；距今 3000 年左右，气候变为凉爽湿润，西北地区沙尘暴频发，在黄土高原形成新的黄土堆积。在关中平原，新形成的自然黄土沉积和人为施肥堆土的覆盖层厚度可达 60cm，全新世剖面成为"垆土"（朱显谟，1957）。垆土、黑垆土的黏化层实际为全新世大暖期发育的古土壤，剖面中保存有丰富的森林或森林草原的孢粉组合。虽然降水量大，但土壤结构好，林草植被覆盖度较高，虫孔和根系发育有利于降雨的入渗，古土壤中淀积型黏粒胶膜的大量存在表明土壤水分运移活跃，减少了地表径流，有效地抑制了土壤侵蚀的发生，土层保存较完整。

马兰黄土中也保存有草本的孢粉信息，表明黄土堆积时，地表不完全是裸露的，有一定的草原植被覆盖。同时还形成一定的土壤结构，发生碳酸钙等盐类迁移，微结构多呈团粒－孔隙胶结，具有一定的抗侵蚀能力，降水量较小，土壤侵蚀微弱，黄土层易于保存。

在以黄土沉积为主的干冷期向以古土壤发育为主的暖湿期转变的过渡期，地表为疏松黄土；在植被覆盖由荒漠草原向森林草原的过渡期，覆盖度较低，降水量趋于增大，暴雨频发（过渡期气候特征）。因此，由黄土沉积期向古土壤发育期的转变过渡期是土壤侵蚀强烈期。

基于微形态特征解译的全新世黄土－古土壤发育与黄土沉积－土壤侵蚀过程模式如图 5.8 所示。

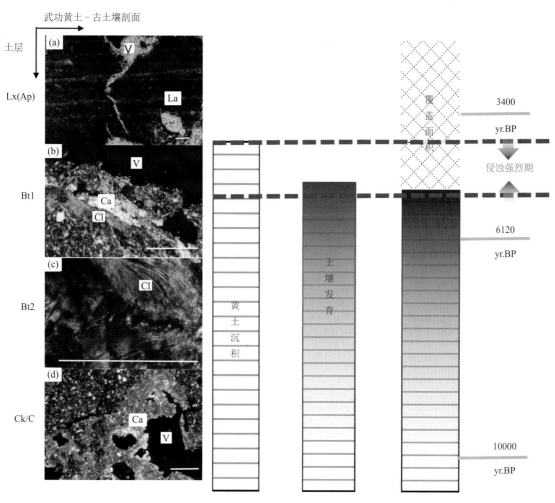

图 5.8 基于微形态特征解译的全新世黄土－古土壤发育与黄土沉积－
土壤侵蚀过程模式

四、紫色土微结构与岩屑侵蚀过程

紫色岩粒度成分细,化学胶结物含量很少(仅 3% 左右的 Fe_2O_3 胶结物),胶结作用弱,造成岩层松软,并含有较多裂隙,紫色泥岩中含有 7%～15% 的蒙脱石,具有较高的膨胀性,干湿的频繁变化会导致泥岩的快速崩解、风化、破碎,从而形成紫色土(图 5.9);同时紫色土黏粒与胶粒含量较高,两者合计含量在 30%～45%,孔隙度低且孔隙连通性较差,不利于降水的入渗,易于产生地表径流和土壤侵蚀(图 5.10～图 5.27)。紫色岩土的微型块状结构、微型片状结构和密集微型裂隙是其抗蚀性差的重要原因,在侵蚀剥离与输移过程中,泥沙多呈岩屑或团聚状态。岩屑或团聚体颗粒表面极易被黏粒或胶粒溶液包膜,阻止岩屑或团聚体的进一步湿解、崩解或风化,导致紫色土具有粗骨特征,粗粒物质为泥岩碎屑或碎屑矿物颗粒,持水性较差。镜下发育块状、片状结构,密集微型裂隙,粒状孔隙充填式胶结等显微垒结。铁锰胶结物主要分布在粗颗粒和裂隙周边,呈线状或细条状。

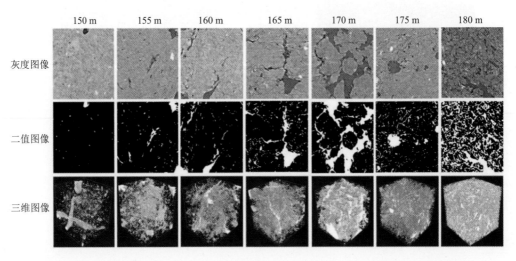

图 5.9　三峡水库消落带不同水位高程紫色土土壤团聚体的二维和三维结构特征

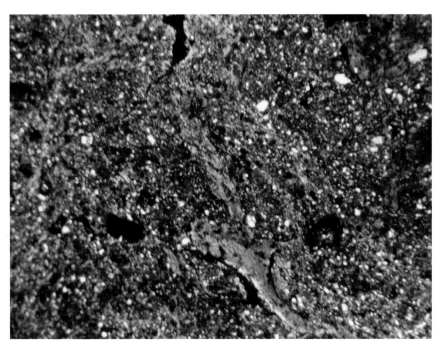

图 5.10 紫色土密集微型裂隙充填式胶结显微特征（XPL，×200）

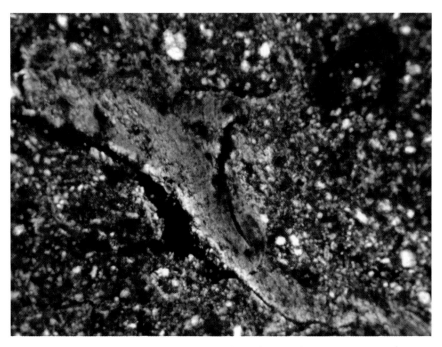

图 5.11 紫色土密集微型裂隙充填式胶结显微特征（XPL，×400）

图 5.12　紫色土粒状孔隙充填式胶结显微特征（XPL）

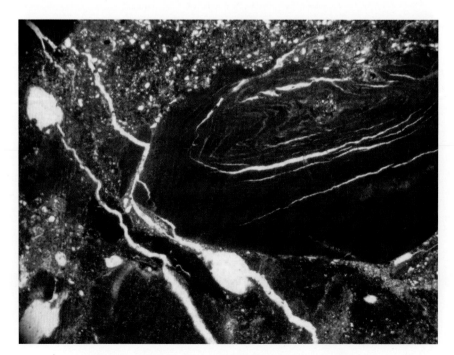

图 5.13　紫色土黏粒聚集胶结显微特征（PPL）

图 5.14 紫色土粒状裂隙充填式胶结显微特征（XPL）

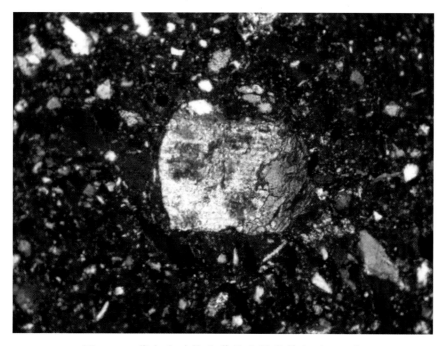

图 5.15 紫色土矿物化学风化显微特征（XPL）

图 5.16　紫色土风化岩屑显微特征（XPL）

图 5.17　紫色土风化岩屑、矿物碎屑显微特征（XPL）

图 5.18　紫色土弱物理风化显微特征（XPL）

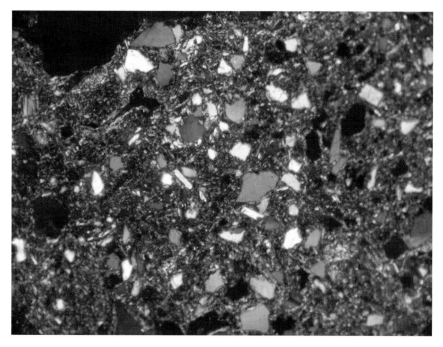

图 5.19　紫色土基底式胶结显微特征（XPL）

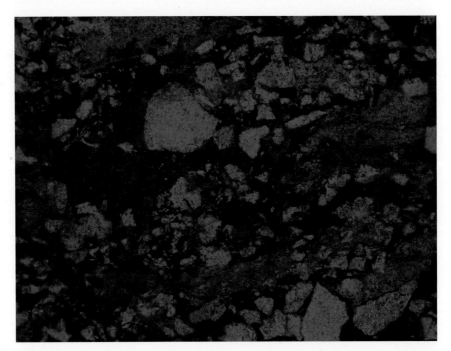

图 5.20　紫色土层状胶结显微特征（PPL）

图 5.21　紫色土层状胶结显微特征（XPL）

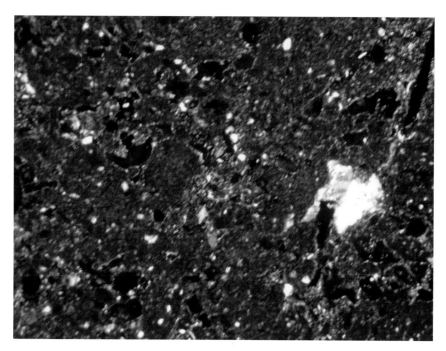

图 5.22 紫色土粒状孔隙充填式复合胶结显微特征（XPL）

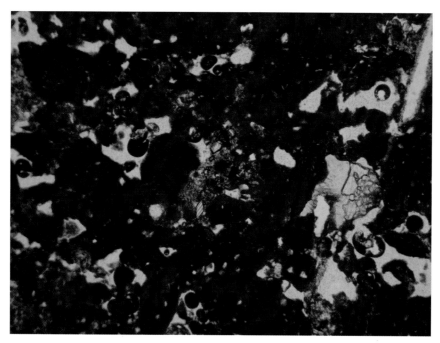

图 5.23 紫色土粒状孔隙充填式复合胶结显微特征（PPL）

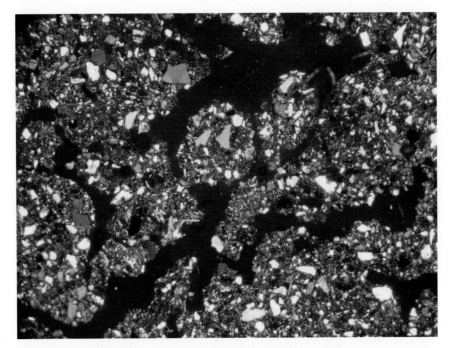

图 5.24　紫色土碎屑粒状显微特征（XPL）

图 5.25　紫色土碎屑粒状显微特征（XPL）

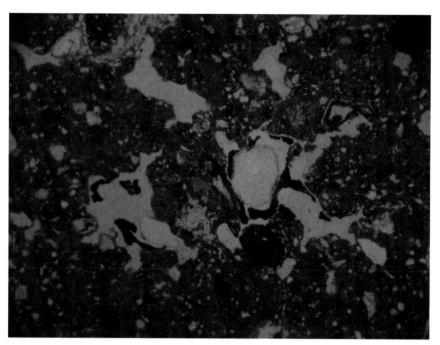

图 5.26　岩屑或团聚体颗粒包膜显微特征（PPL）

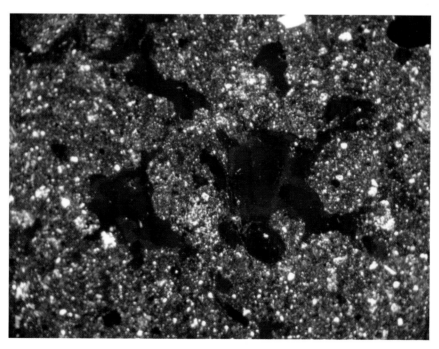

图 5.27　岩屑或团聚体颗粒包膜显微特征（XPL）

第六章
土壤微形态学展望

　　土壤微形态学研究一方面提出从微观尺度研究原状土壤组成与结构的创新性方法，另一方面提出土壤结构—成因—功能关联性的研究理念，是土壤学年轻的分支学科。经过近一个世纪的发展，许多土壤微形态学家在土壤微形态概念和术语的定型化、垒结分析和描述系统的标准化、微形态特征的定量化等方面做了大量的工作；同时，显微观测与探测技术的每一次进步都被应用到了土壤微结构的研究中，使土壤微形态研究由定性描述向定量分析、由静态剖析向动态机理研究、由微观向超微观发展。学科的交叉，特别是与其他方法与手段的结合，如矿物学、生物学方法及超微技术的应用，使土壤微形态学研究体系不断完善，土壤微形态学已在土壤矿物学、土壤物理、土壤化学、植物根际营养以及土壤侵蚀、土壤灌溉与排水等土壤学科领域中显露身手，已广泛应用于土地退化、地质灾害、环境变化、材料化学和法学鉴定等领域。

　　土壤微形态学研究在环境变迁、土壤发生学、土壤功能、土地治理、土壤侵蚀及相关过程机理研究中发挥了不可替代的作用。近年来，利用现代新技术进行区域、流域、田间、土体、微观和超微观等跨尺度的土壤结构探测，特别是地理信息系统（geographic information system, GIS）、3D微观与超微观技术的应用，使得土壤结构的探测与认知及定量表达等方面取得突破性进展。未来，土壤微形态学将一方面利用三维光学显微测量与成像等超微探测和微域化学分析技术，进一步阐明微结构形成的过程机理；另一方面将深入探索土壤矿物、基质、生物相互作用机理，为揭示土壤发生、土壤结构、土壤功能的互馈机制，以及反映"大尺度"环境变化、人类活动、景观演替等过程提供独特而新颖的研究方法与理论（图6.1）。

图 6.1 土壤微形态学发展趋势与展望

参考文献

安芷生,魏兰英,1980.离石黄土层中的第五层古土壤及其古气候的意义 [J].土壤学报,17:1-10.

卜崇峰,蔡强国,程琴娟,等,2007.紫色土表土结皮发育特征的试验研究 [J].土壤学报,44:385-391.

蔡强国,陆兆熊,陈浩,1988.表土结皮在溅蚀和坡面侵蚀过程中的作用 [C]//陈永宗.黄河粗泥沙来源及侵蚀产沙机理研究文集.北京:气象出版社.

曹升赓,1986.我国红壤的微形态特征 [J].土壤专报,40:1-28.

曹升赓,1989a.土壤和非固结物质薄片的系统制备方法 [J].土壤专报,43:42-45.

曹升赓,1989b.土壤微形态学的历史,进展和将来 [J].土壤专报,43:1-12.

曹升赓,金光,1982.水稻土肥力特性的微形态诊断 [J].土壤学报,19(2):383-393.

陈强,Yuriy S K,陈帅,等.2015,不同耕作方式土壤结构季节变化 [J].土壤通报,1:184-191.

董广辉,夏正楷,刘德成,2005.青海喇家遗址内外的土壤微形态初步分析 [J].水土保持研究,12(4):5-6.

东野光亮,陈介福,须湘成,1993.黄河三角洲土壤的微形态特征 [J].土壤通报,24(3):102-104.

东野光亮,齐威,王爱玲,2003.黄河三角洲土壤抗蚀性的微观研究 [J].水土保持学报,17(1):100-102.

方小敏,艾南山,1989.洒勒山滑坡微观特征与机理 [M]//中国科学院成都山地所.滑坡论文选集.成都:四川科技出版社.

费振文,1989.不同耕作施肥措施下土壤微形态特征诊断的变化 [J].土壤专报,43:34-37.

傅伯杰,冷疏影,宋长青,2015.新时期地理学的特征与任务 [J].地理科学,35(8):939-945.

甘磊,彭新华,谢永雄,等.2014,放牧对内蒙古大针茅草原土壤剪切力空间分布的影响 [J].草业科学,31(02):219-223.

格拉西莫夫, 文振旺, 1955. 中国的黄土及其成因 [J]. 科学通报, (12):9-14.

龚冬琴, 吕军, 2014. 连续免耕对不同质地稻田土壤理化性质的影响 [J]. 生态学报, 34(02):239-246.

龚晓南, 2011. 软黏土地基土体抗剪强度若干问题 [J]. 岩土工程学报, 33(10):1596-1600.

龚子同, 1999. 面临新世纪挑战的土壤地理学 [J]. 土壤, (05):236-243.

龚子同, 刘良梧, 张甘霖, 2002. 苏南昆山地区全新世土壤与环境 [J]. 土壤学报, 39(5):618-626.

龚子同, 陈鸿昭, 袁大刚, 等, 2007. 中国古水稻的时空分布及其启示意义 [J]. 科学通报, 52:562-567.

关欣, 李巧云, 张凤荣, 等, 2003. 南疆平原干旱土的微形态特征 [J]. 土壤学报, 40(5):672-676.

郭正堂, N 菲多罗夫, 1990. 中国中部黄土和土壤中碳酸钙的聚集和溶蚀 [J]. 黄土·第四纪·全球变化, 1:93-97.

郭正堂, 刘东生, Fedoroff N, 1996.130ka 来黄土 – 古土壤序列的典型微形态特征与古气候事件 [J]. 中国科学 (D 辑), 26(3):392-398.

郝青振, 郭正堂, 2001.1.2Ma 以来黄土 – 古土壤序列风化成壤强度的定量化研究与东亚夏季风演化 [J]. 中国科学 (D 辑), 31(26):520-528.

何毓蓉, 1984. 四川盆地紫色土分区培肥的土壤微形态研究 [J]. 土壤通报, 6:263-266.

何毓蓉, 黄成敏, 1996. 变性土滑擦面的特征与形成机制 [J]. 科学通报, 12:1100-1102.

何毓蓉, 廖超林, 2006. 长江上游土壤侵蚀、滑坡和泥石流典型区土体特性及微形态学研究 [J]. 山地学报, 24(5):584-591.

何毓蓉, 贺秀斌, 2007. 土壤微形态学及我国研究进展 [M]// 中国土壤学会. 中国土壤科学研究进展. 南京: 河海大学出版社.

何毓蓉, 张丹, 2015. 土壤微形态研究理论与实践 [M]. 北京: 地质出版社.

何毓蓉, 文安邦, 潘乐华, 1990. 四川盆地丘陵区紫色土退化研究 Ⅱ. 紫色土退化的微形态特征 [J]. 资源开发与市场. 6(2):67-70.

何毓蓉, 黄成敏, 周红艺, 2002. 成都平原水耕人为土诊断层的微形态特征与土壤基层分类 [J]. 山地学报, 2:157-163.

吕发友,鲍玉海,贺秀斌,等,2017.三峡水库消落带淹水—落干交替下紫色土力学特性变化模拟 [J].水土保持学报,31(3):79-84.

贺秀斌,1993.黄土高原近万年来土壤侵蚀特征与地质—生态环境演化的关系 [D].咸阳:中国科学院水利部水土保持研究所.

贺秀斌,1997a.全新世土壤锆石扫描电镜鉴及其形成环境研究 [J].土壤通报,28(6):285-287.

贺秀斌,1997b.图象处理技术在土壤微形态定量研究中的应用 [J].土壤通报,2:110-111.

贺秀斌,1998a.土壤薄片的甲基丙烯酸甲酯固结方法 [J].土壤通报,2:97.

贺秀斌,1998b.20 万年来黄土剖面土壤发生学特征与侵蚀环境演变 [D].咸阳:中国科学院水利部水土保持研究所.

贺秀斌,唐克丽,1998.黄土高原全新世土壤锆石颗粒表面超微结构及其发生环境 [J].土壤学报,35(3):289-293.

贺秀斌,唐克丽,张成娥,等,2001.农业生态与土地退化的土壤微形态研究 [J].土壤与环境,3:234-237.

贺秀斌,冯桓,冯兆东,2005.土壤显微结构的 X 光 - 同步加速器计算机三维图像透视技术 [J].土壤学报,42:328-330.

黄秉维,1983.谈黄河中游土壤保持问题 [J].中国水土保持,1:10-15.

黄瑞采,1979.现代土壤学新分支——土壤微形态学 [J].土壤通报,3:1-5.

计承道,洪可兴,1978.土壤制片技术的初步探讨 [J].土壤通报,5:40-45.

金石琦,1995.晶体光学 [M].北京:科学出版社.

靳桂云,1999.土壤微形态分析及其在考古学中的应用 [J].地球科学进展,2:96-99.

李德成,Velde B,2002.免耕制度下耕作土壤结构演化的数字图像分析 [J].土壤学报,39(2):214-220.

李德成,Velde B,张桃林,2003.利用土壤切片的数字图像定量评价土壤孔隙变异度和复杂度 [J].土壤学报,40(5):678-682.

李天杰、赵烨、张科利,等,2004.土壤地理学 [M].3 版.北京:高等教育出版社.

李珍珍,王数,张宏飞,等,2018.黏土对沙地土壤改良效果的微形态研究——以内蒙古科尔沁沙地为例 [J].中国农业大学学报,23(11):115-123.

刘宝元,张科利,焦菊英,1999. 土壤可蚀性及其在侵蚀预报中的应用 [J]. 自然资源学报,(04):345-350.

刘东生,等,1985. 黄土与环境 [M]. 北京:科学出版社.

刘洁,皇甫红英,2000. 碳酸盐矿物的阴极发光性与微量元素的关系 [J]. 沉积与特提斯地质,20(3):71-76.

马仁明,蔡崇法,李朝霞,等,2014. 前期土壤含水率对红壤团聚体稳定性及溅蚀的影响 [J]. 农业工程学报,30(03):95-103.

庞奖励,黄春长,张战平,2003. 周原全新世复合古土壤和成壤环境的微形态学研究 [J]. 土壤学报,40(1):22-28.

庞奖励,黄春长,张旭,等,2007. 白鹿原人工果树林地土壤和农耕地土壤微形态对比研究 [J]. 土壤学报,44:792-800.

庞奖励,张卫青,黄春长,等,2009. 关中地区不同耕作历史土壤的微形态特征及对比研究 [J]. 土壤通报,40(03):476-481.

蒲玉琳,林超文,谢德体,等,2013. 植物篱 - 农作坡地土壤团聚体组成和稳定性特征 [J]. 应用生态学报,24(1):122-128.

仇荣亮,吴箐,吕越娜,等,1994. 不同生态条件下海涂土壤的微形态特征 [J],热带亚热带土壤科学,3(2):105-109.

石莹,王数,张晓娜,等,2014. 北京小西山山前洪积扇不同土地利用方式下的土壤微形态特征 [J]. 中国农业大学学报,19(02):118-124.

舒良树,2017. 普通地质学 [M]. 北京:地质出版社.

宋菲,2004. 扫描电子显微镜及能谱分析技术在黄土微结构研究上的应用 [J]. 沈阳农业大学学报,35(3):216-219.

孙增慧,韩霁昌,刘哲,等,2017. 种植方式对华北平原典型农田土壤微形态特征的影响 [J]. 农业机械学报,48(05):282-289.

唐克丽,1962. 苏联黑钙土、灰化土抗蚀抗冲性研究 [D]. 莫斯科:莫斯科大学.

唐克丽,1978. 大寨海绵土微形态特征 [J]. 土壤学报,15(02):165-173.

唐克丽,1981a. 古土壤的类型及其微形态特征的鉴别 [J]. 土壤通报,12(04):22-26.

唐克丽,1981b. 武功黄土沉积中埋藏古土壤的微形态及其发生学 [J]. 科学通

报 ,26(3):177-179.

唐克丽 , 贺秀斌 ,2002. 第四纪黄土剖面多元古土壤形成发育信息的揭示 [J]. 土壤学报 ,39(05):609-617.

唐克丽 , 贺秀斌 ,2004. 黄土高原全新世黄土 – 古土壤演替及气候演变的再研讨 [J]. 第四纪研究 ,24(02):129-139, 245.

吴汝康 , 任美锷 , 朱显谟 , 等 ,1985. 北京猿人遗址综合研究 [M]. 北京 : 科学出版社 .

谢若萍 , 左敬兰 , 国际翔 ,1985. 我国辽西几种褐土的微形态研究 [J]. 土壤学报 ,22(2):177-181.

熊芳敏 ,2005. 土壤显微图像三维重建系统 [J]. 广东工业大学学报 ,22(3):86-90.

熊毅 , 姚贤良 , 樊润威 ,1965. 土壤结构的性态研究 [J]. 土壤学报 ,13(4):411-417.

徐祥明 , 王海兰 , 覃灵华 ,2018. 基于 Image-ProPlus 的土壤颗粒微形态定量化研究 [J]. 江苏农业科学 ,46(01):236-238.

闫立梅 , 王丽华 ,2004. 不同龄温室土壤微形态结构与特征 [J]. 山东农业科学 ,3:60-61.

姚贤良 , 于德芬 ,1988. 关于集约农作制下的土壤结构问题与不同培育条件下土壤结构的微形态特征 [J]. 土壤学报 ,25(1):55-58.

尹秋珍 , 郭正堂 , 方小敏 ,2006. 海南砖红壤的微形态特征以及南方网纹红土与砖红壤环境意义的差异 [J]. 土壤学报 ,43(3):353-361.

张保华 , 刘子亭 , 曹建荣 , 等 ,2018. 鲁西北平原长期种植粮棉作物耕层土壤的微形态特征 [J]. 贵州农业科学 ,46(01):54-57.

张甘霖 , 龚子同 ,2001. 水耕人为土某些氧化还原形态特征的微结构和形成机理 [J]. 土壤学报 ,38(1):10-16

张甘霖 , 朱永官 , 傅伯杰 ,2003. 城市土壤质量演变及其生态环境效应 [J]. 生态学报 ,.23:539-546.

张甘霖 , 朱阿兴 , 史舟 , 等 , 2018. 土壤地理学的进展与展望[J]. 地理科学进展 ,37(01):57-65.

张荣祖 ,1973. 我国西藏南部珠穆朗玛峰地区土壤微形态与自然地理条件 [J]. 科学通报 ,(03):134-138.

张桃林 , 赵其国 ,1990. 我国热带、亚热带干热地区土壤发生特性的研究 [J]. 土壤学

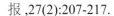

报 ,27(2):207-217.

张元明 ,2005. 荒漠地表生物土壤结皮的微结构及其早期发育特征 [J]. 科学通报 ,50(1):42-47.

张淑娟 , 2020. 三峡水库消落带土壤结构变化及抗剪强度的响应机理 [D]. 成都：中国科学院、水利部成都山地灾害与环境研究所 .

赵怀燕，龚爱蓉，殷辉，等 ,2014.模拟表生环境水钠锰矿亚结构转化及钙锰矿的形成 [J]. 地球科学 ,39(02):227-239.

赵景波 , 郝玉芬 , 岳应利 ,2006. 陕西洛川地区全新世中期土壤与气候变化 [J]. 第四纪研究 , 26:969-975.

赵景波，贺秀斌，邵天杰 ,2012. 重庆地区紫色土和紫色泥岩的物质组成与微结构研究 [J]. 土壤学报 ,49(02):212-219.

赵其国 ,1984. 我国富铝化土壤诊断土层的初步研究及其在分类上的应用 [J]. 土壤学报 ,21(2):171-181.

郑茂坤 ,2005. 透射电镜在土壤微结构研究中的新应用 [J]. 农机化研究 ,(2):200-201.

周虎，李文昭，张中彬，等 ,2013. 利用 X 射线 CT 研究多尺度土壤结构 [J]. 土壤学报 ,50(6):1226-1230.

朱海之 ,1965. 黄土的显微结构及埋藏古土壤中的光性方位粘土 [J]. 中国第四研究 , 4 :15-19.

朱显谟 ,1957. 黄土区的土壤分布规律 [J]. 科学通报 ,2(15):477-478.

朱显谟 ,1983. 论原始土壤的成土过程 [J]. 中国科学 (B 辑),(10):919-927.

朱显谟 ,1994. 黄土－土壤结构剖面构型的形成及其重要意义 [J]. 水土保持学报 ,(02):1-9.

朱显谟 , 程文礼 ,1994. 中国黄土高原古土壤中粘粒移动问题探讨 [J]. 土壤学报 ,(04):371-375.

朱远达，蔡国强，胡霞，等 ,2004. 土壤理化性质对结皮形成的影响 [J]. 土壤学报 ,41(1):13-19

Aydemir S, Keskin S, Drees L R, 2004.Quantification of soil features using digital image processing (DIP) techniques[J]. Geoderma,119(1-2): 1-8.

Bajnóczi B, Kovács-Kis V, 2006.Origin of pedogenic needle-fiber calcite revealed by micromorphology and stable isotope composition-a case study of a Quaternary paleosol from Hungary[J]. Chemie der Erde-Geochemistry, 66(3): 203-212.

Baumgartl, 1998. Physical soil properties in specific fields of application especially in anthropogenic soils[J]. Soil and Tillage Research,47:51-59.

Blazejewski G A, Stolt M H, Gold A J, et al., 2005.Macro and micromorphology of subsurface carbon in riparian zone soils[J]. Soil Science Society of America Journal, 69 (4): 1320-1329.

Brandsma R T, Fullen M A, Hocking T J, et al., 1999. An X-ray scanning technique to determine soil macroporosity by chemical mapping[J].Soil and Tillage Research, 50:95-98.

Brewer R, 1964. Fabric and mineral analysis of soils[M]. London: John Wiley and Sons.

Bullock P, Fedoroff N, Jongerius A, et al., 1985.Handbook for Soil Thin Section Description[M]. Wolverhampton: Waine Research Publications.

Chartres, Bresson L M, 1994. Micromorphological indicators of anthropogenically induced soil structural degradation[C]// Transactions of 15th World Congress of Soil Science, Mexico.

Ching J, Hu YG, Phoon KK, 2016. On characterizing spatially variable soil shear strength using spatial average[J]. Probabilistic Engineering Mechanics, 45:31-43.

Colin R R, Annika D, Brenda J B, et al., 2015. Micromorphology and formation of pedogenic coids in calcic soils and petrocalcic horizons[J]. Geoderma, 251-252: 10-23.

Courty M A, Golderg P, Macphail R, 1989. Soils and micromorphology in archaeology[M]. Cambridge：Cambridge University Press.

Davidson D A, Bruneau P M C, Grieve I C, et al., 2002. Impacts of fauna on an upland grassland soil as determined by micromorphological analysis[J]. Applied Soil Ecology, 20(2): 133-143.

Donald A D, 2002. Bioturbation in old arable soils: quantitative evidence from soil micromorphology[J]. Journal of Archaeological Science, 29(11): 1247-1253.

Donald A D, Ian C G, 2006. Relationships between biodiversity and soil structure and function: evidence from laboratory and field experiments[J]. Applied Soil Ecology, 33(2): 176-185.

Dörner J, Dec D, Peng X, Horn R,2009. Change of shrinkage behavior of an Andisol in southern Chile: effects of land use and wetting/drying cycles[J]. Soil and Tillage Research,106:45-53.

Dorronsoro,1996.Interactive computer programme for demostration of micromorphological aspects of calcification processes in soils[C]// 10th International Working Meeting on Soil Micromorphology.

Drees L R, Wilding L P, Owens P, et al., 2003. Steepland resources: characteristics, stability and micromorphology[J], Catena, 54:619-636.

Edoardo A C, Costantini, Pellegrini S, et al., 2006. Micromorphological characterization and monitoring of internal drainage in soils of vineyards and olive groves in central Italy[J]. Geoderma, 131(3-4): 388-403.

E L 帕尔费诺娃 ,E A 亚里洛娃， 1962. 土壤学中的矿物学研究 [M]. 方明，等译 . 北京：科学出版社 .

Fang H, Sun L, Tang Z, 2015. Effects of rainfall and slope on runoff, soil erosion and rill development: an experimental study using two loess soils[J]. Hydrological Processes, 29(11): 2649-2658.

Firechild I J, 1983.Chemical controls of cathodoluminescence of natural dolomites and calcites :new data and view[J]. Sedimentology , 30 (4) :579-583.

FitzPatrick E,1984. Micromorphology of soils[M]. London: Chapman and Hall.

FitzPatrick E,1993.Soil microscopy and micromorphology[M]. Chichester: Wiley.

Fox D M, Bryan R B, Fox C A, 2004, Changes in pore characteristics with depth for structural crusts[J]. Geoderma, 120(1-2): 109-120.

Frouz J, Nováková A, 2005, Development of soil microbial properties in topsoil layer during spontaneous succession in heaps after brown coal mining in relation to humus microstructure development[J]. Geoderma, 29(1-2): 54-64.

Golovanov D L, Lebedeva-Verba M P, Dorokhova M F, et al., 2005. Micromorphological and microbiological characterization of elementary soil-forming processes in desert soils of Mongolia[J]. Eurasian Soil Science, 38 (12): 1290-1300.

Grieve I C, Davidson D A, Patricia M C B, 2005, Effects of liming on void space and aggregation in an upland grassland soil[J].Geoderma, 125(1-2): 39-48.

He X B, Bao Y H, Nan H W, et al., 2009. Tillage pedogenesis of purple soils in southwestern China[J].Journal of Mountain Science, 6 (2): 205-210.

He X B, 2008. Soil micromorphology: micro-investigation on the earth's critical zone[C] //13th International Conference on Soil Micromorphology, Chengdu, China.

He X B, Wei J, 2012.Impacts of eco-restoration on suspended sediment load in the upper Yangtze River of China[J].IAHS Redbook, 356:29-36.

He X B,Tang K L, Lei X Y,1996. SEM analysis for surface structure of zircons in Holocene loess, China[C]// 10th International Working Meeting on Soil Micromorphology, Moscow, 128.

He X B, Tang K L, Zhang X B, 2004.Soil erosion dynamics on the Chinese Loess Plateau during last 10,000 years[J]. Mountain Research and Development, 24(4):342-347.

He X B, Zhou J, Tang K L, 2006.Soil erosion response to climatic change and human activity during the Quaternary on the Loess Plateau, China[J]. Regional Environmental Change, 6:62-70.

He X B, Tang K L，Zhang X B，2004. Soil erosion dynamics on the Chinese Loess Plateau during last 10,000 years[J]. Mountain Research and Development, 24(4):342-347.

He X B, Zhou J, Zhang X B, et al.,2005.Yellow River sediment response to human disturbance in the last century[J]. River Basin Management, 3: 575-581.

He X B, Bao Y H, Hua L Z, et al., 2008.Clay Illuviation in a Holocene Palaeosol Sequence in the Chinese Loess Plateau[C] // Kapur S. New Trends in Soil Micromorphology. Berlin: Springer-Verlag Berlin Heidelberg.

Heidari A, Mahmoodi S, Stoops G, et al., 2005.Micromorphological characteristics of vertisols of Iran, including nonsmectitic soils[J]. Arid Land Research And Management, 19 (1): 29-46 .

Hisham T, Eid Khaled H, Rabie, et al., 2016. Drained residual shear strength at effective normal stresses relevant to soil slope stability analyses[J]. Engineering Geology, 204: 94-107.

Holly E A, Edward N A, 2003. Use of scanning electron microscopy to investigate records of soil weathering preserved in lake sediment[J]. Holocene, 13(1): 51-60.

Hossein M, Danial J A, 2016. New method for estimation of soil shear strength parameters using results of piezocone[J]. Measurement, 77:132-142.

Hussein J, Adey M A, 1998. Changes in microstructure, voids and b-fabric of surface samples of a vertisol caused by wet/dry cycles[J]. Geoderma, 85:63-82.

Ibraimo M M, Schaefer C E G R, Ker J C, et al., 2004, Genesis and micromorphology of soils under xeric vegetation in the Lakes Region, State of Rio de Janeiro (Brazil) [J]. Revista Brasileira De Ciencia Do Solo, 28 (4): 695-712.

Jailard B,1987. Les structures rhizomorphes calcaires[J]. Geoderma, 50:197-112.

Jeffrey L H, Katharine M O, 2016. Composition, micromorphology and distribution of microartifacts in anthropogenic soils, Detroit, Michigan, USA[J].Catena,138: 103-116.

Jongerius A,Heintzberger G, 1975. Methods in soil micromorphology, a technique for the preparation of large thin sections[J]. Soil Survey Papers,10:48-59.

Kemp R, Branch N, Silva B, et al., 2006. Pedosedimentary, cultural and environmental significance of paleosols within pre-hispanic agricultural terraces in the southern Peruvian Andes[J]. Quaternary International, 158(1):13-22.

Khormali F, Abtahi A, Stoops G, 2006. Micromorphology of calcitic features in highly calcareous soils of Fars Province, Southern Iran[J]. Geoderma, 132(1-2): 31-46.

Kooistra M J, Kooistra L I, 2003. Integrated research in archaeology using soil micromorphology and palynology[J]. Catena, 54(3): 603-617.

Kovda V, Wilding L P, Drees L R, 2003, Micromorphology, submicroscopy and microprobe study of carbonate pedofeatures in a Vertisol gilgai soil complex, South Russia[J]. Catena, 54(3): 457-476.

Krumbein W C, 1941. Measurement and geological significance of shape and roundness of sedimentary particles[J]. Journal of Sedimentary Research, 11:64-72.

Kubiëna W C, 1938. Micropedology[M]. Ames, IA: Collegiate Press.

Lado M, Ben-Hur M, 2004. Soil mineralogy effects on seal formation, runoff and soil loss[J].Applied Clay Science, 24: 209-224.

Lebedeva M P, Golovanov D L, Abrosimov K N, 2016. Micromorphological diagnostics of pedogenetic, eolian, and colluvial processes from data on the fabrics of crusty horizons in differently aged extremely aridic soils of Mongolia[J]. Quaternary International, 418(5):75-83.

Li Z, Yang W, Cai C, Wang J, 2013. Aggregate mechanical stability and relationship with aggregate breakdown under simulated rainfall[J]. Soil Science, 178(7): 369-377.

Lima H V, Silva A P, Santos M C, et al., 2006. Micromorphology and image analysis of a hardsetting Ultisol (Argissolo) in the state of Ceara (Brazil) [J]. Geoderma, 132 (3-4): 416-426.

Ma X P, Asano M, Tamura K, et al., 2020. Physicochemical properties and micromorphology of degraded alpine meadow soils in the Eastern Qinghai-Tibet Plateau[J]. Catena, 194:104649.

Mcsweeney, 1994.Drastically disturbed and polluted lands[C]//Transactions of 15th World Congress of Soil Science, Mexico.

Miedema R, Chartres C J,1994. Soil Micromorphology: towards an analytical and quantitive tool for assessing anthropogenic influences on soils[C]//Transations of 15th World Congress of Soil Science, Mexico.

Mooney S J, 2003. Using micromorphology to understand the rewetting mechanisms in milled peat[J]. Catena, 54: 665-678.

Murphy C P, 1986, Thin section preparation of soil and sediments[J]. Soil Science, 144(4):307-308.

Myneni S C B, Brown J T, Martinez G A, et al., 1999.Imaging of humic substance macromolecular structures in water and soils[J]. Science, 286:1335-1337.

Nagarajarao Y, Jayasree, 1994. Effect of different long-term soil management practices on strength and swell-shrink characteristics, voids and microstructure[C]//Transactions of

15th World Congress of Soil Science, Mexico.

Nègre M, Leone P, Trichet J, et al., 2004. Characterization of model soil colloids by cryo-scanning electron microscopy[J]. Geoderma, 121(2): 1-16.

Nroton L D,1987.Micromorphological study of surface seals developed under simulated rainfall[J]. Geoderma, 40：97-121.

Pang J L, Huang C C, 2006. Mid-Holocene soil formation and the impact of dust input in the middle reaches of the Yellow River, northern China[J]. Soil Science, 171 (7): 552-563.

Pang J L, Hu X E, Huang C C,et al., 2006. Micromorphological features of old cultivated and modern soils in Guanzhong Areas, Shaanxi Province, China[J]. Agricultural Sciences in China, 6(5):691-699.

Parfenova E I, Yarilova E A,1977. Guidance to micromorphological investigations in soil science[M]. Moscow: Nauka.

Patricia M C B, Donald A D, Grieve I C, 2004. An evaluation of image analysis for measuring changes in void space and excremental features on soil thin sections in an upland grassland soil[J]. Geoderma, 120(3-4): 165-175.

Paul W A, Simpson I A, Donald A D, 2002, Colour description and quantification in mosaic images of soil thin sections[J]. Geoderma, 108(3-4):181-195.

Peterson J B, 1938. The micromorphology of some loessial soils of Iowa[J]. Soil Science Society of America Journal, 2(C):9-13.

Pires L F, Cooper M, Cássaro F A M, et al., 2008. Micromorphological analysis to characterize structure modifications of soil samples submitted to wetting and drying cycles[J]. Catena, 72 :297-304.

Pustovoytov K E, 2002. Pedogenic carbonate cutans on clasts in soils as a record of history of grassland ecosystems[J]. Palaeogeography, Palaeoclimatology, Palaeoecology, 177(1-2): 199-214.

Rabenhorst, 1994. Wetland habitats—qualities, processes and attributes[C]// Transactions of 15th World Congress of Soil Science, Mexico.

Ricks D P, Ransom M D, Kluitenberg G J, et al., 2004, Effects of thirty years of irrigation on the genesis and morphology of two semiarid soils in Kansas[J]. Soil Science Society of America Journal, 68: 1916-1926.

Riley J, 2002. Indicator quality for assessment of impact of multidisciplinary system[J]. Agriculture, Ecosystem and Environment, 87(2):121-128.

Ruan H, Illangasekare T H,1998. A model to couple overland flow and infiltration into macroporous vadose zone[J]. Journal of Hydrology, 210(1):116-127.

Scarciglia F, Pera E L, Critelli S, 2005, Weathering and pedogenesis in the Sila Grande Massif (Calabria, South Italy): from field scale to micromorphology[J]. Catena, 61 (1): 1-29.

Soheila K L, Murray G R, 2000. Characterization of contaminated soils using confocal laser scanning microscopy[J]. Environmental Science & Technology, 34(16): 3408.

Steven G D, Larry D M, 2004. Epi-fluorescence micromorphology of saprolite reveals evidence for colloid retention in microscale pore systems[J]. Geoderma, 121(1-2): 143-152.

Stoops G, 1993. Micromorphology during the last decade[J]. Pedologie, 43(1):143-155.

Stoops G, 2003. Guidelines for Analysis and Description of Soil and Regolith Thin Sections[J]. Soil Science Society of America, Inc. Madison, Wisconsin, USA.

Stoops G,2020.Guidelines for analysis and description of soil and regolith thin sections[M]. Second Edition. Chichester:Wiley.

Stoops G, Marcelino V, Mees F, 2018.Interpretation of micromorphological features of soils and regoliths[M].Amsterdam, NL: Elsevier.

Stoops G, Roger Langohr, Eric Van Ranst, 2020. Micromorphology of soils and palaeosoils in Belgium. an inventory and meta-analysis[J]. Catena, 194:3177-3191.

Sumner M E, Stewart B A, 1992.Soil crusting[M]. Chelsea :Lewis publishers.

Sveistrup T E, Haraldsen T K, Langohr R, et al., 2005. Impact of land use and seasonal freezing on morphological and physical properties of silty Norwegian soils[J]. Soil and Tillage Research, 81(1): 39-56.

Tang C S, Wang D Y, 2016. Effect of wetting–drying cycles on profile mechanical behavior of soils with different initial conditions[J]. Catena, 139: 105-116.

Terrible,Fitzpatrik, 1992. Micromorpholgy of soil[M]. London: Chapman and Hall.

Uson A, Poch R M, Effects of tillage and management practices on soil crust morphology under a mediterranean environment[J]. Soil & Tillage Research, 54 (3-4): 191-196.

Valentin C, bresson L M, 1992. Morphology, genesis and classification of surface crusts in loamy and sandy soils[J]. Geoderma, 55:225-246.

Van Nooordwjik, Kooistra M, 1992. Root-soil contact of maize, measured by a thin-section technique[J]. Plant and Soil, 139:109-118.

VandenBygaart A J, Fox C A, Fallow D J, et al., 2000. Estimating earthworm-influenced soil structure by morphometric image analysis[J]. Soil Science Society of America Journal, 64: 982-988.

Vepraskas M J,1990. Sampling device to extract inclined, undisturbed soil cores[J]. Soil Science Society of America Tournal, 54:1192-1195.

Verrechia E P, 1990. Litho-diagnetic implications of the calciumoxalate-carbonate biogeochemmical cycle in semiarid calcretes[J]. Geomicrobiology Journal, 8: 87-99.

Verrecchia E P, Trombino L, 2021. A visual atlas for soil micromorphologists. https://doi.org/10.1007/978-3-030-67806-7.

Wadell,1932.Volume, shape, and roundness of rock particles[J]. Journal of Geology, 40: 443-451.

Wakindiki I C, Ben-Hur M, 2005. Soil mineralogy and texture effects on crust micromorphology, infiltration, and erosion[J]. Soil Science Society of America Journal, 66 (3): 897-905.

Wilding L P, Drees L R, 1990.Removal of carbonates from thin sections for microfabric interpretations[J].Developments in Soil Science, 19:613-620.

Wilson C, Simpson I A, Currie E J, 2002. Soil management in pre-Hispanic raised field systems: micromorphological evidence from Hacienda Zuleta, Ecuador[J]. Geoarchaeology, 17 (3): 261-283.

Young I M, Crawford J W, 2004. Interactions and self-organization in the soil-microbe complex[J]. Science, 304:1634-1637.

Zhou B, Wang J F, Zhao B D, 2015. Micromorphology characterization and reconstruction of sand particles using micro X-ray tomography and spherical harmonics[J]. Engineering Geology, 184: 126-137.

ПарфеноваЕ.И,ЯриПоваЕА,1987. 土壤微形态研究指南 [M] . 曹升赓 , 译 . 北京 : 农业出版社 .